즐깨감

개정 수학교과서
1학년 완벽대비

입학준비

7세 수학 연산B

즐깨감 입학 준비 7세 수학 _ 연산B

1판 1쇄 인쇄 2020년 9월 20일
1판 1쇄 발행 2020년 10월 1일

와이즈만 영재교육연구소 지음 | 이현주 정호선 그림

발행처 | 와이즈만 BOOKs
발행인 | 염만숙
출판사업본부장 | 김현정
편집 | 오성임 박종주
표지디자인 | 이혜경
본문디자인 | 디바젤
마케팅 | 김혜원 김유진

출판등록 | 1998년 7월 23일 제1998-000170
제조국 | 대한민국
사용 연령 | 7세 이상
주소 | 서울특별시 서초구 남부순환로 2219 나노빌딩 5층
전화 | 마케팅 02-2033-8987 편집 02-2033-8983
팩스 | 02-3474-1411
전자우편 | books@askwhy.co.kr
홈페이지 | books.askwhy.co.kr

* 와이즈만 BOOKs는 (주)창의와탐구 출판 브랜드입니다.

머리말

'즐깨감 입학 준비 7세 수학'시리즈를 통해 초등 1학년 개정 수학교과서를 미리 준비하세요!

새로운 교육 과정은 미래 사회에 대비한 창의력과 인성을 키우는 것을 목표로 하고 있습니다. 따라서 단순 암기해야 하는 내용은 대폭 줄고, 프로젝트 학습이나 토의, 토론식 수업 중심이 됩니다. 또한 각 과목 간 융합을 통한 '창의적 융합인재 육성' 이른바 'STEAM' 교육이 강조되고 있습니다. 특히 수학은 논리적 사고와 문제 해결 과정 중심으로 개편되고 있습니다. 이제까지의 단순 암기식 학습이 아니라 스스로 개념과 원리를 이해하고 탐구할 수 있도록 근본적인 학습 태도와 학습 동기를 변화시키고자 하는 의지를 담고 있는 것입니다.

'즐깨감 입학 준비 7세 수학' 시리즈는 초등학교 입학을 앞두고 있는 7세 어린이들을 위해 초등교과서 개정 작업에 직접 참여하신 선생님과 와이즈만 영재교육연구소에서 오랫동안 창의사고력 수학 교재를 집필하신 선생님들이 힘을 합쳐 만든 책입니다.

1학년 개정 수학교과서 방식으로 구성하여 초등 입학 준비용 교재로 아이들이 수학에 대한 흥미를 가지고 쉽게 접근할 수 있도록 하였습니다. 7세 아이들은 본 교재를 통해 재미있는 수학을 접하고 원리를 탐구하는 습관을 기르면서 초등 1학년 과정을 완벽하게 대비할 수 있습니다.

'즐깨감 입학 준비 7세 수학' 시리즈의 학습 경험이 초등 수학에 대한 자신감을 높이고 아이들의 즐거운 학교생활로 이어지기를 바랍니다.

와이즈만 영재교육연구소 소장 이 미 경

구성과 특징

짹짹, 파리 잡아먹자

어느 맑고 화창한 날이었어.
참새 한 마리가 짹짹 거리며 나무 주위를 날아다녔지.
"아유, 벌레들이 죄다 나들이라도 갔나. 왜 한 마리도 안 보이지?"
가만, 저 아래 풀잎 위에 파리 한 마리가 앉았네.
파리는 아주 한가롭게 쉬고 있었지.
참새는 쏜살 같이 파리를 향해 날아갔어.

날쌔게 날아오는 참새를 본 파리는 허둥지둥 도망을 쳤어.
하지만 결국 파리는 참새에게 잡히고 말았지.
참새가 뾰족한 부리를 들이대며 파리를 집어삼키려는데,
파리가 다급하게 외쳤어.
"잠깐만, 참새야, 나랑 내기를 하자."
마침 [illegible] 남자 아이와 여자 아이가
고리 던지기 놀이를 하고 있었어.
참새는 둘 중 누가 고리 던지기에서 이길 것인지
맞추는 내기를 하자고 했어.
"난 여자 아이가 이길 것 같아!"
참새가 외쳤어.

수학 동화

이야기 속에 재미있고 다양한 수학적 문제 상황이 숨어 있습니다.

재미있는 이야기도 읽고, 이야기를 통해 수학적 문제 상황을 자연스럽게 받아들여 수학이 일상생활과 밀접한 관련이 있다는 것을 알 수 있습니다.

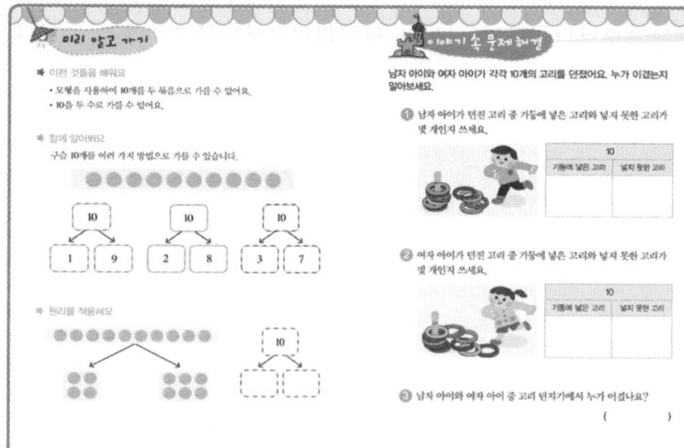

미리 알고 가기

이런 것들을 배워요
- 모형을 사용하여 10개를 두 묶음으로 가를 수 있어요.
- 10을 두 수로 가를 수 있어요.

함께 알아봐요

구슬 10개를 여러 가지 방법으로 가를 수 있습니다.

10 → 1, 9　10 → 2, 8　10 → 3, 7

원리를 적용해요

10 → □, □

이야기 속 문제 해결

남자 아이와 여자 아이가 각각 10개의 고리를 던졌어요. 누가 이겼는지 알아보세요.

① 남자 아이가 던진 고리 중 기둥에 넣은 고리와 넣지 못한 고리가 몇 개인지 쓰세요.

10	
기둥에 넣은 고리	넣지 못한 고리

② 여자 아이가 던진 고리 중 기둥에 넣은 고리와 넣지 못한 고리가 몇 개인지 쓰세요.

10	
기둥에 넣은 고리	넣지 못한 고리

③ 남자 아이와 여자 아이 중 고리 던지기에서 누가 이겼나요?

(　　　　)

미리 알고 가기

학습 전 · 후 개념을 익히고 정리하는 데 도움이 됩니다.

[이런 것들을 배워요] 단원에서 꼭 알고 가야 하는 학습 목표

[함께 알아봐요] 수학 원리 이해

[원리를 적용해요] 원리를 적용하여 간단히 풀어 보는 유형 문제

이야기 속 문제 해결

이야기 속에 숨은 수학적 문제 상황을 찾아 단계적으로 해결해 봅니다. 주인공이 처한 상황을 이해하고 문제를 해결하면서 수학적 문제해결력을 기를 수 있습니다.

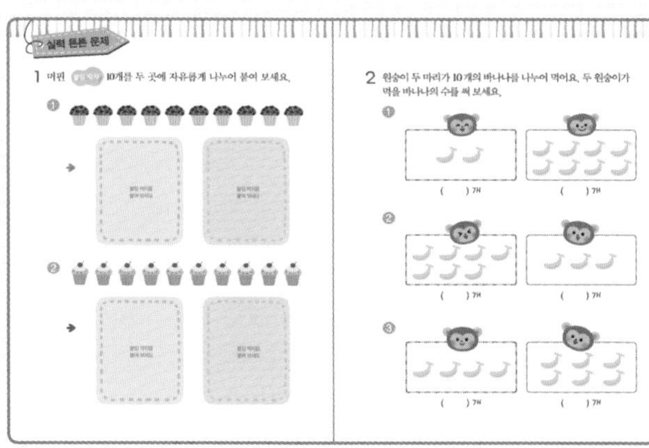

실력 튼튼 문제

각 단원마다 기초 실력을 튼튼히 할 수 있는 사고력 문제를 제시합니다.
앞서 학습한 [미리 알고 가기]의 내용을 떠올리면서 문제 해결의 자신감과 수학에 대한 흥미를 키웁니다.

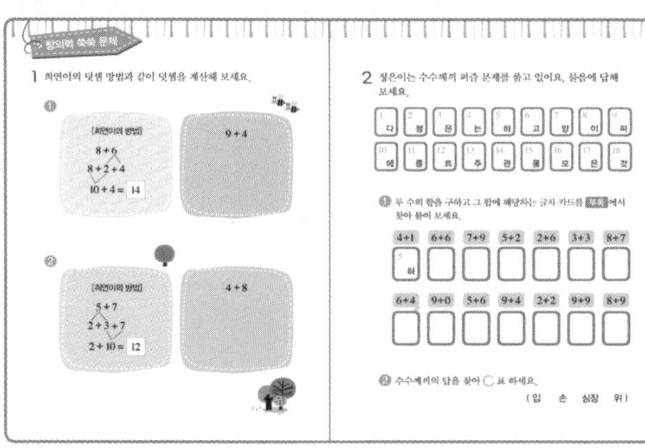

창의력 쑥쑥 문제

앞서 배운 단원의 종합 문제로 3~4단원마다 학습 내용을 정리하며 사고력과 수학적 추론 능력, 창의적 문제해결력을 키울 수 있습니다.

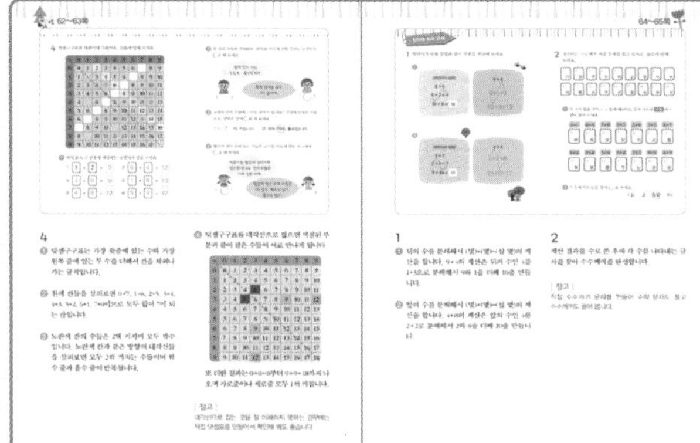

정답과 풀이

정답을 한눈에 알아볼 수 있도록 본문과 같은 이미지 위에 파란색으로 답을 표기하였고, 본문 바로 아래에는 [풀이] [생각 열기] [틀리기 쉬워요] [참고]를 따로 구성하여 문제에 대한 이해를 도왔습니다.

시리즈 소개

〈즐깨감〉은 스스로 생각하는 힘을 길러 줍니다.

와이즈만 영재교육의 창의사고력 수학 시리즈

1. 일반 수학 문제들이 유형화되어 있는 것과는 달리, 학생들에게 익숙하지 않은 새로운 문제들이 나옵니다. 또한 생활 속 주제들을 수학의 소재로 삼아 수학을 친근하게 느끼도록 하여 주변에서 수학 원리를 탐구하고 관찰할 수 있습니다.
2. 반복 연습이 아닌, 사고의 계발을 중시합니다. 새 교과서가 추구하고 있는 수학적 사고력, 수학적 추론 능력, 창의적 문제해결력, 의사소통 능력을 강화하고 있습니다.
3. 수학교과서에서 많이 다루어지는 소재가 아닌 스토리텔링, 퍼즐식 문제 해결 같은 흥미로운 소재를 사용합니다. 재미있는 활동이 수학적 호기심과 흥미를 자극하여 수학적 사고력의 틀을 형성시켜 줍니다.
4. 난이도별 문제 해결보다는 사고의 흐름에 따른 확장 과정을 중시합니다.

6세에는 즐깨감 수학

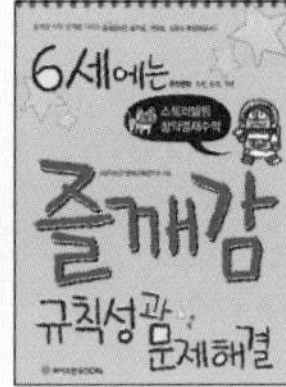

7세에는 즐깨감 수학

즐깨감 입학 준비 7세 수학

1학년에는 즐깨감 수학

2학년에는 즐깨감 수학

3학년에는 즐깨감 수학

4학년에는 즐깨감 수학

5학년에는 즐깨감 수학

6학년에는 즐깨감 수학

차례

짹짹, 파리 잡아먹자

어느 맑고 화창한 날이었어.

참새 한 마리가 짹짹 거리며 나무 주위를 날아다녔지.

“아유, 벌레들이 죄다 나들이라도 갔나. 왜 한 마리도 안 보이지?”

가만, 저 아래 풀잎 위에 파리 한 마리가 앉았네.

파리는 아주 한가롭게 쉬고 있었지.

참새는 쏜살 같이 파리를 향해 날아갔어.

날쌔게 날아오는 참새를 본 파리는 허둥지둥 도망을 쳤어.
하지만 결국 파리는 참새에게 잡히고 말았지.
참새가 뾰족한 부리를 들이대며 파리를 집어삼키려는데,
파리가 다급하게 외쳤어.
"잠깐만, 참새야, 나랑 내기를 하자."
마침 멀찌감치에서 남자 아이와 여자 아이가
고리 던지기 놀이를 하고 있었어.
참새는 둘 중 누가 고리 던지기에서 이길 것인지
맞추는 내기를 하자고 했어.
"난 여자 아이가 이길 것 같아!"
참새가 외쳤어.

이런 것들을 배워요

- 모형을 사용하여 10개를 두 묶음으로 가를 수 있어요.
- 10을 두 수로 가를 수 있어요.

함께 알아봐요

구슬 10개를 여러 가지 방법으로 가를 수 있습니다.

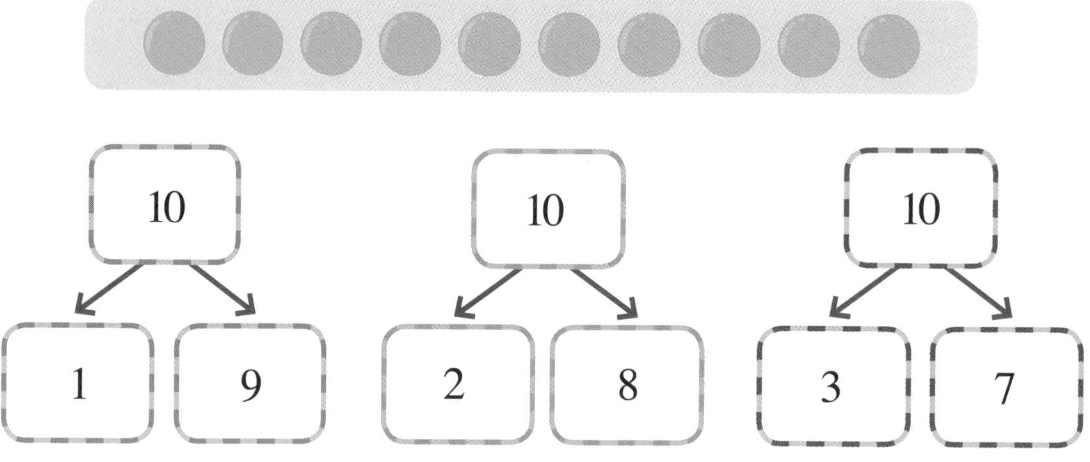

원리를 적용해요

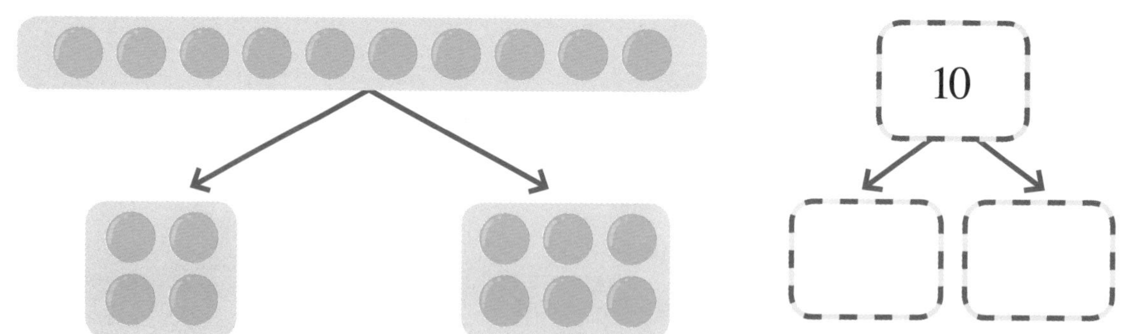

이야기 속 문제 해결

남자 아이와 여자 아이가 각각 10개의 고리를 던졌어요. 누가 이겼는지 알아보세요.

1 남자 아이가 던진 고리 중 기둥에 넣은 고리와 넣지 못한 고리가 몇 개인지 쓰세요.

10	
기둥에 넣은 고리	넣지 못한 고리

2 여자 아이가 던진 고리 중 기둥에 넣은 고리와 넣지 못한 고리가 몇 개인지 쓰세요.

10	
기둥에 넣은 고리	넣지 못한 고리

3 남자 아이와 여자 아이 중 고리 던지기에서 누가 이겼나요?

(　　　　　　)

실력 튼튼 문제

1 머핀 붙임 딱지 10개를 두 곳에 자유롭게 나누어 붙여 보세요.

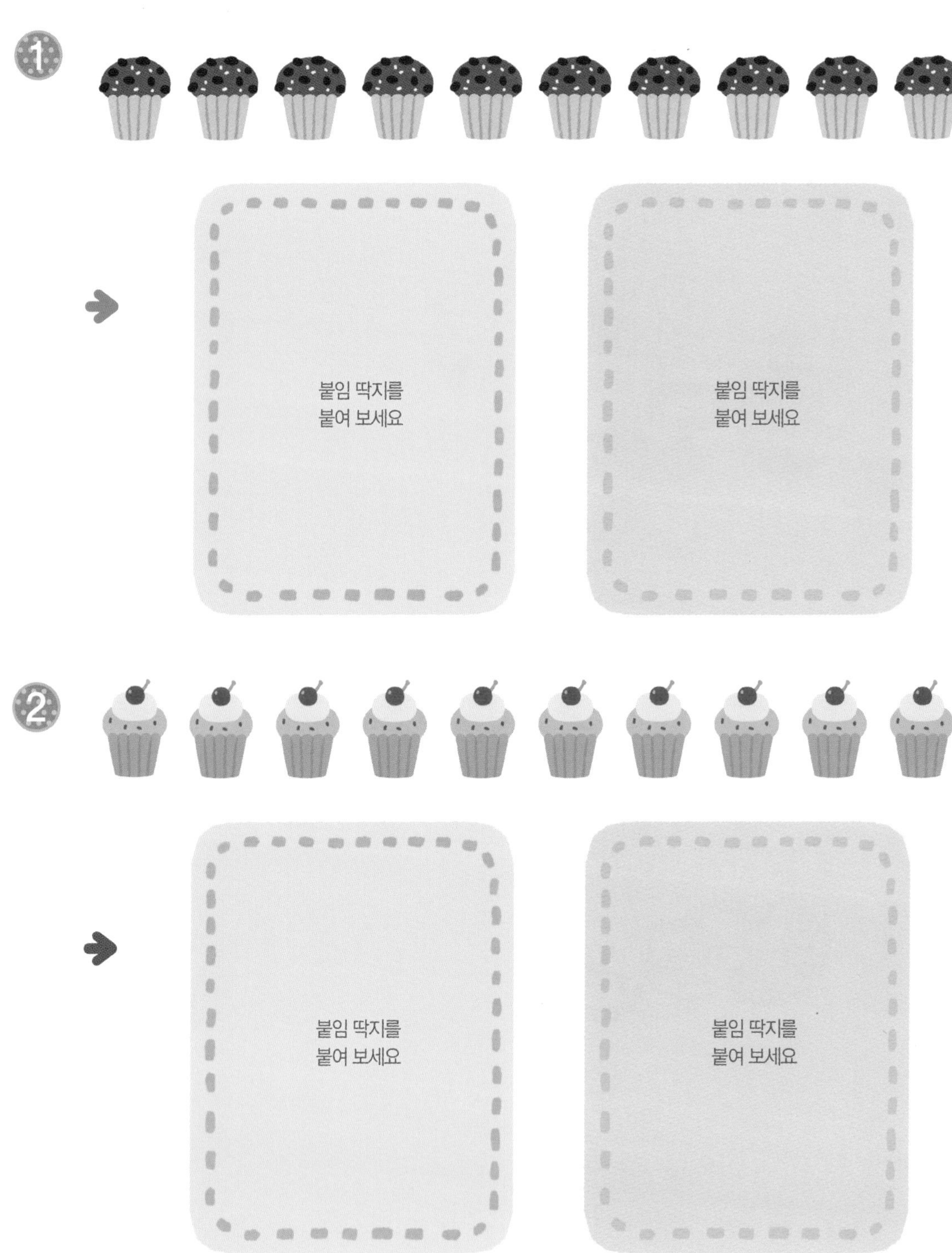
①
붙임 딱지를
붙여 보세요
붙임 딱지를
붙여 보세요
②
붙임 딱지를
붙여 보세요
붙임 딱지를
붙여 보세요

2 원숭이 두 마리가 10개의 바나나를 나누어 먹어요. 두 원숭이가 먹을 바나나의 수를 써 보세요.

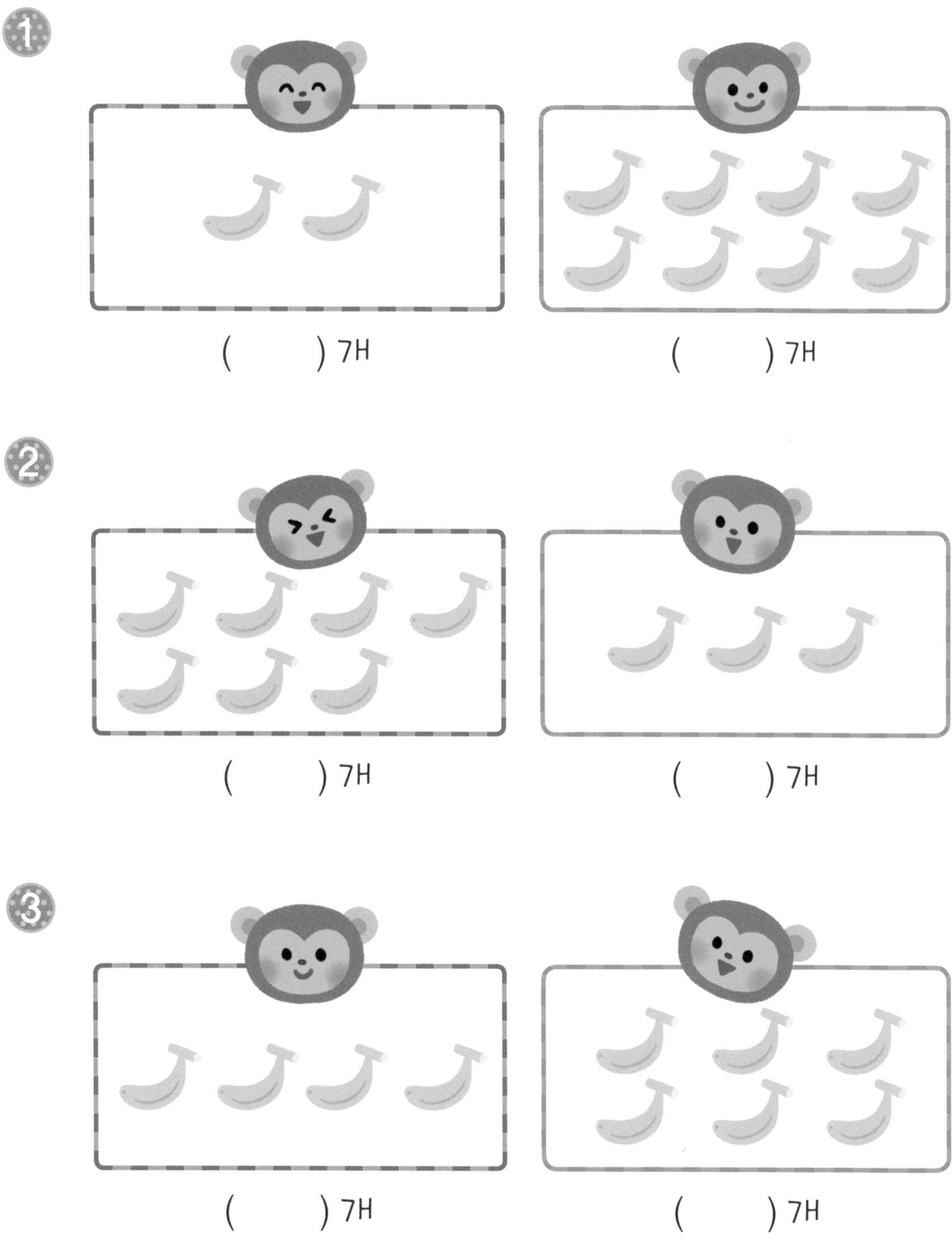

3 딸기 맛 사탕과 포도 맛 사탕이 각각 몇 개씩 있는지 써 보세요.

①

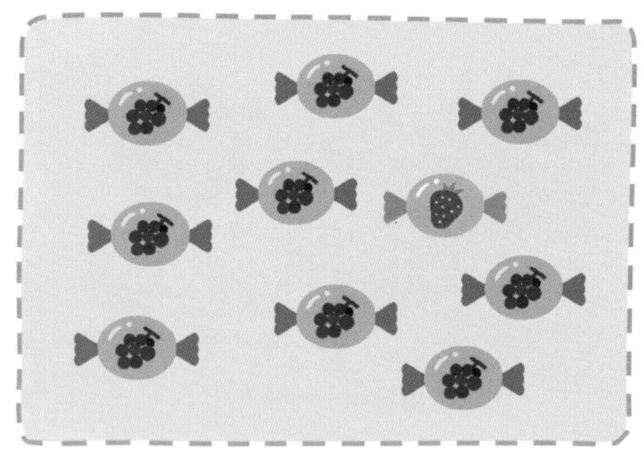

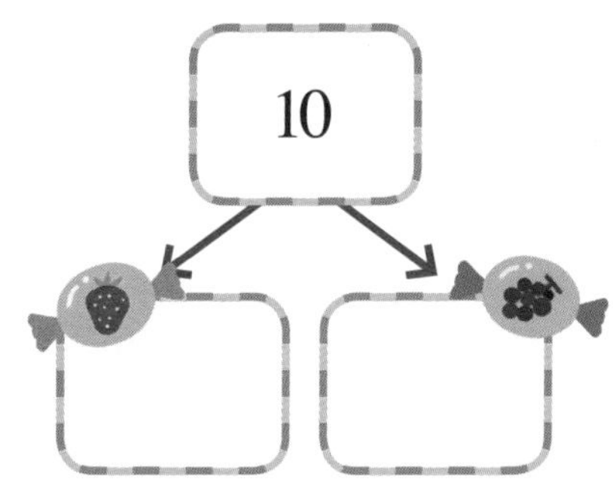

②

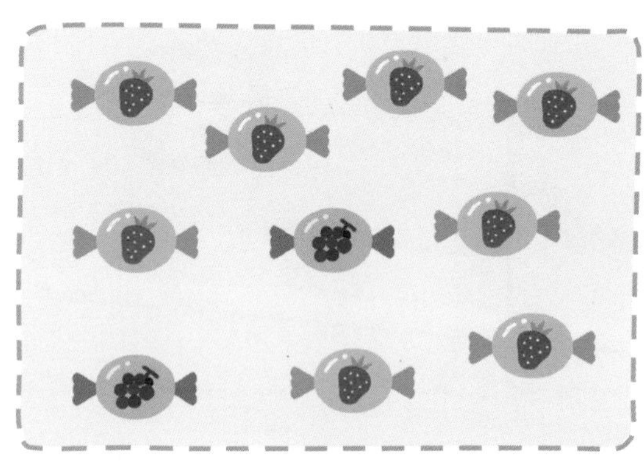

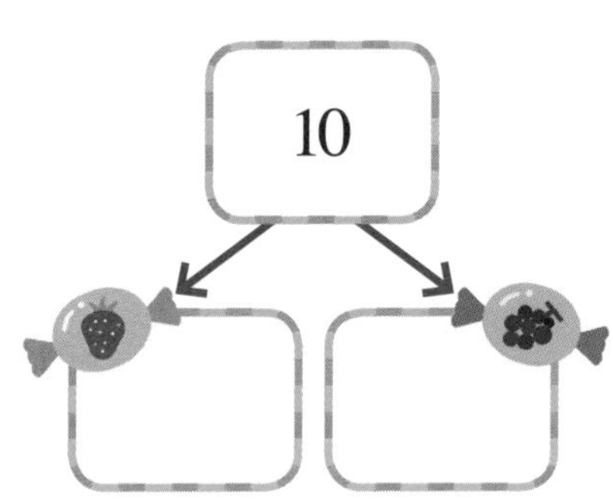

③

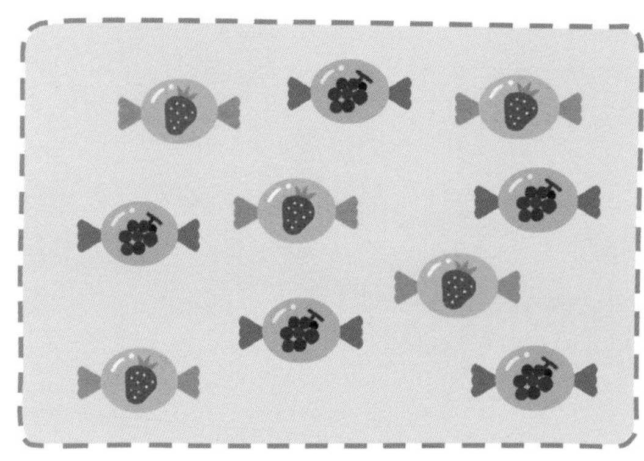

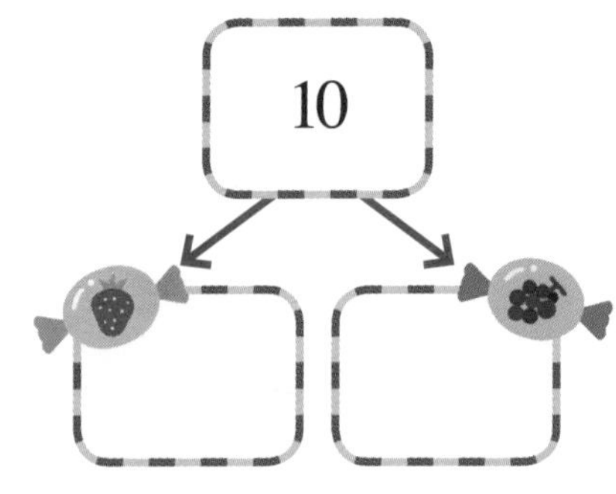

4 야구공 10개를 두 개의 상자에 나누어 담아요. 나머지 상자에 몇 개의 야구공을 넣어야 하는지 수를 써 보세요.

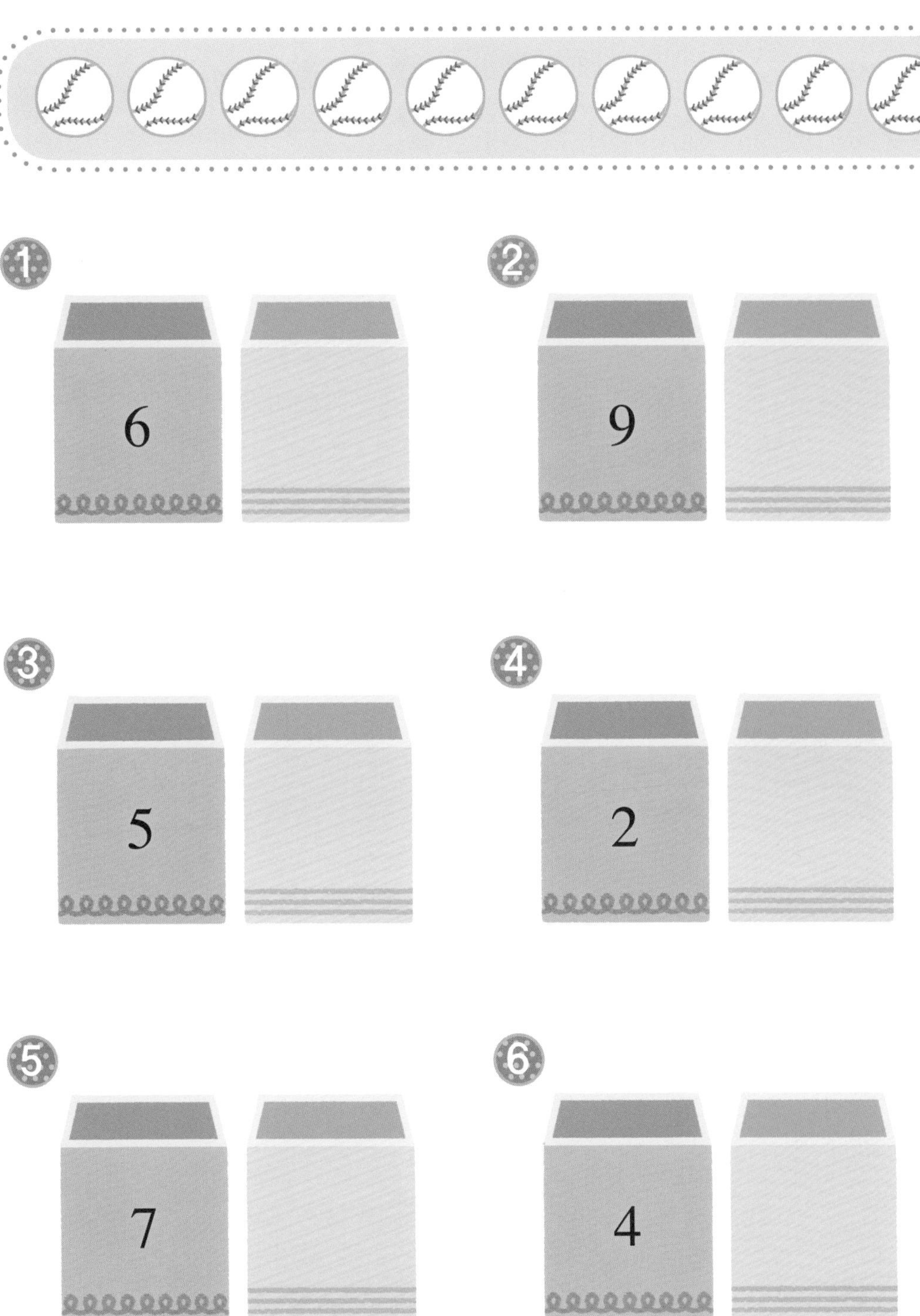

네 잘못이 더 커!

이럴 수가, 남자 아이가 이기고 말았지 뭐야.
참새는 당장이라도 파리를 꿀꺽 삼키고 싶은 마음이
굴뚝같았지만 내기에서 졌으니
딴소리를 할 수도 없고,
고민하던 참새는 괜히 파리에게 트집을 잡았어.
"에잇, 넌 여기저기 날아다니며
음식을 훔쳐 먹기도 하고, 더러운 병균도 옮기잖아.
너처럼 못된 파리는 나한테 잡아먹혀도 싸!"

이 말을 들은 파리가 말했어.
"넌 사람들이 여름내 땀 흘려 가꾼 곡식을
몰래몰래 쪼아 먹었잖아."
듣고 보니 파리 말이 틀린 건 아니네.
참새와 파리는 서로의 잘못이 더 크다고 우겼어.
둘은 고민 끝에 현명한 까치에게
누가 더 잘못했는지 따져 묻기로 했지.
"까치님이라면 틀림없이 올바른 판단을 해 주실 거야."
그런데 까치는 개미 10마리를 가져가야만
재판을 해 주었지.
참새랑 파리는 서로 힘을 합쳐서
개미 10마리를 잡기로 했어.

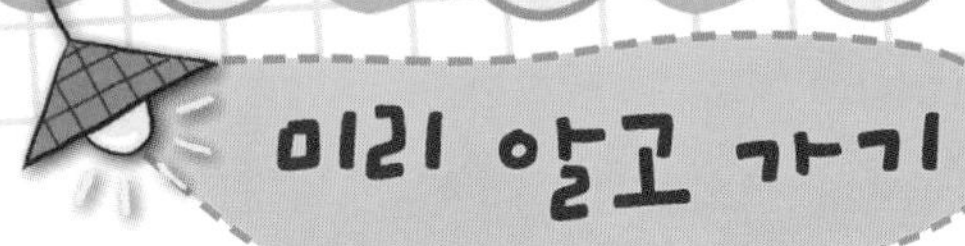

이런 것들을 배워요

- 모형을 사용하여 10이 되도록 모을 수 있어요.
- 10이 되도록 두 수를 모을 수 있어요.
- 10이 되도록 두 수를 더할 수 있어요.

함께 알아봐요

10이 되도록 두 가지 색의 구슬을 여러 가지 방법으로 모을 수 있어요.

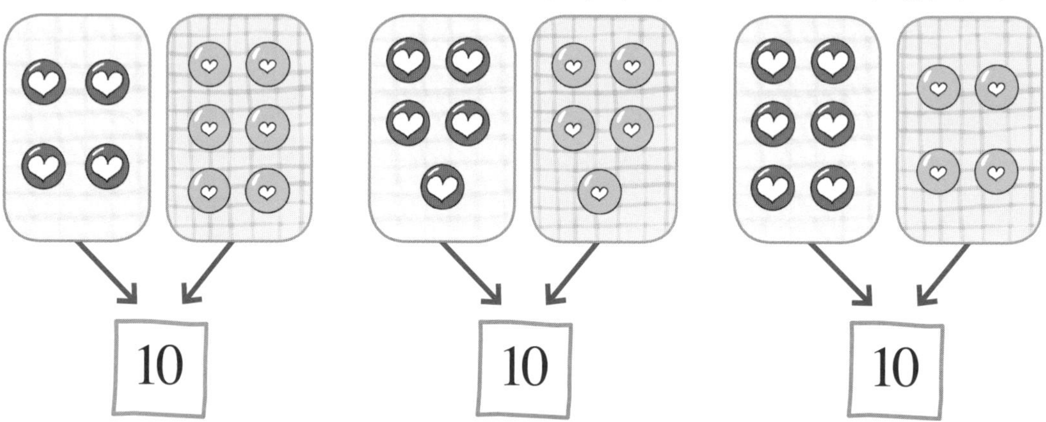

원리를 적용해요

구슬이 몇 개씩 있는지 빈칸에 알맞은 수를 써 보세요.

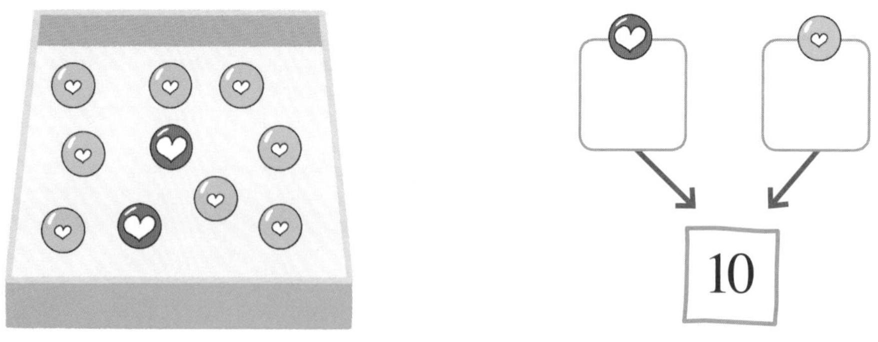

이야기 속 문제 해결

참새랑 파리가 개미를 각각 몇 마리씩 잡았는지 알아보세요.

1

2

1 동그라미 접시와 네모 접시에 있는 초콜릿의 수를 모아서 10이 되도록 줄을 이어 보세요.

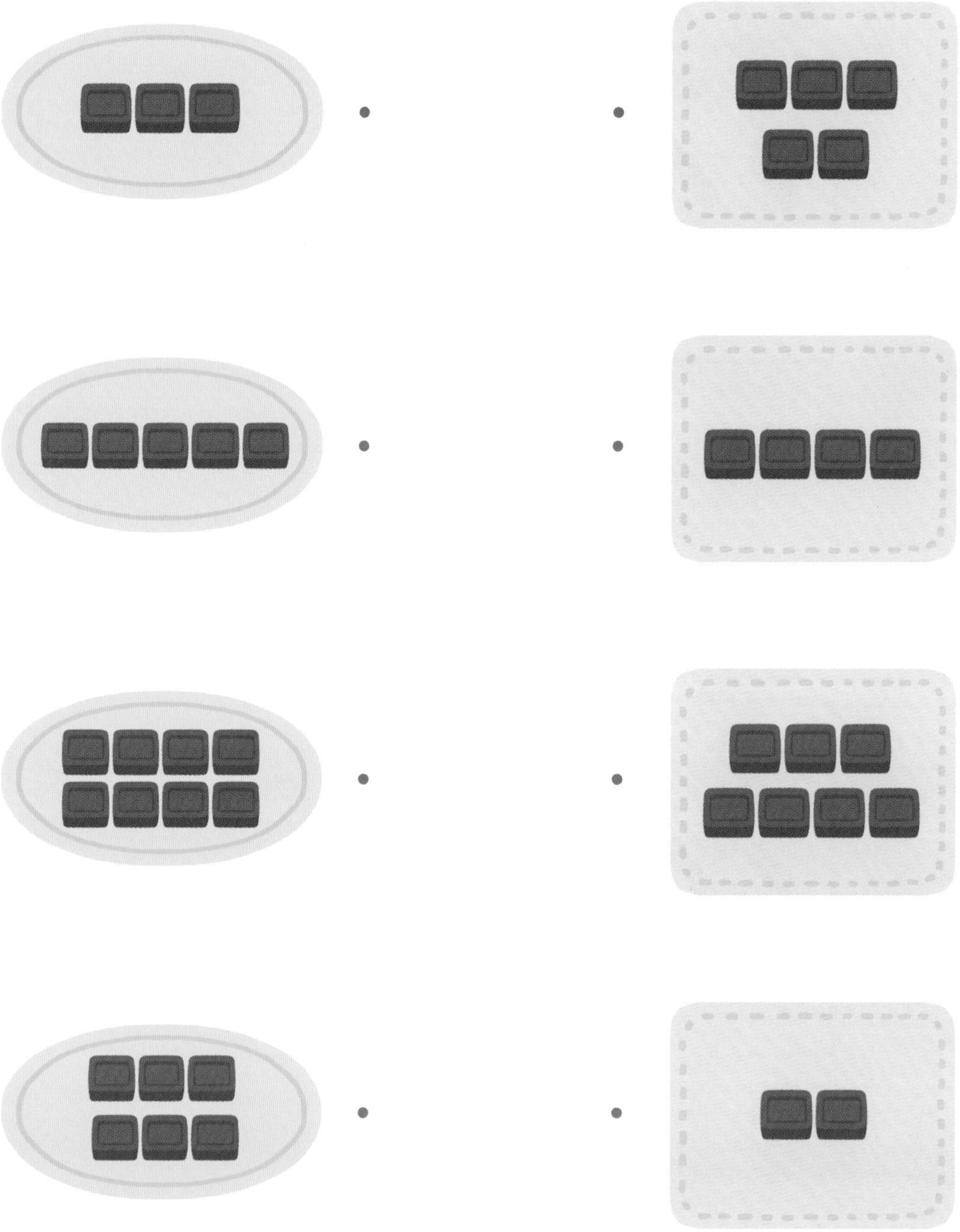

2 사탕 10개를 두 손에 나누어요. 다른 한 손에는 사탕이 몇 개 있어야 하는지 ◯를 그리고 덧셈식도 완성해 보세요.

①

□ + □ = 10

②

□ + □ = □

③

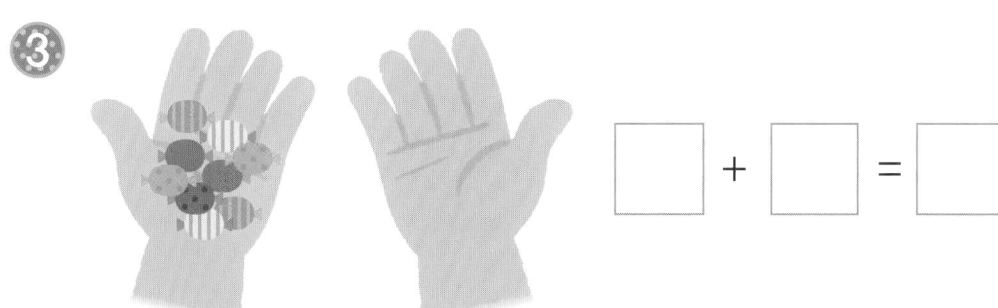

□ + □ = □

3 두 친구의 봉투에 있는 군밤을 모두 모으면 10개가 돼요. 빈칸에 알맞은 수를 써 보세요.

①

하나, 둘, 셋,
넷, 다섯
□개를 더 넣으면
되는구나.

5 + □ = 10

②

나는 1개만
넣어야지.
그럼 나는 □개를
넣어야지.

□ + □ = 10

4 양말에 쓰인 두 수를 모아 10이 되도록 다른 한 쪽에 수를 써 보세요.

①

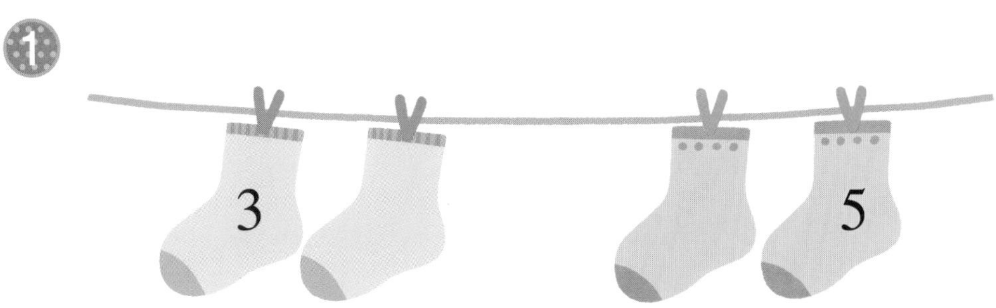

②

③

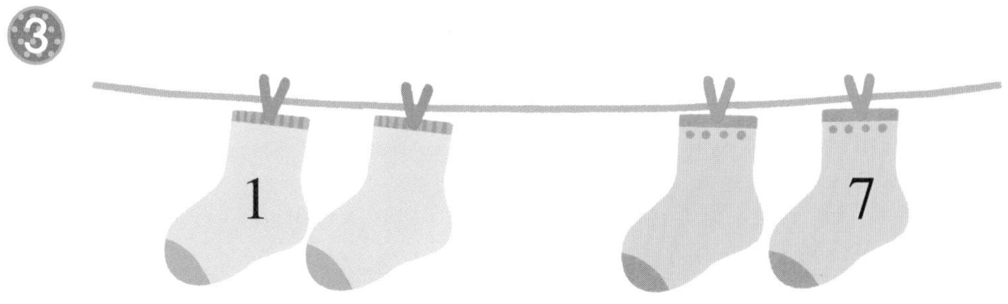

까치네 재판소

참새랑 파리는 까치를 찾아갔어.
소문에 까치는 숲 속에서 똑똑하기로 제일가는 짐승이라지.
아무리 어려운 판결을 부탁하더라도
까치는 문제를 술술 해결해 준댔지.
"까치님! 까치님! 누구의 잘못이 더 큰지 가려 주세요!"
참새와 파리는 까치에게 애원했어.
그러자 까치는 진짜 재판관이라도 된 양 골똘해졌지.
"아이고, 생각을 많이 했더니 배가 고프네."

까치는 참새랑 파리가 잡아 온
개미 10마리 가운데 6마리를
꿀꺽 먹어치웠어.
그 모습을 본 참새는
배가 고파 견딜 수 없었지.
참새는 꼬르륵 소리 나는
배를 끌어안고서 남은 개미 수를 세어 봤어.
'10마리에서 6마리를 빼면 몇 마리가 남은 거지……?'

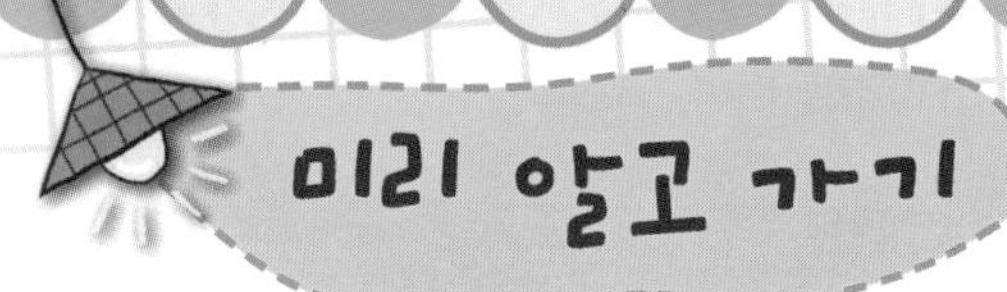

이런 것들을 배워요

- 덜어내기를 통해 10에서 뺄 수 있어요.
- 비교하기를 통해 10에서 뺄 수 있어요.
- 합이 10이 되는 두 수를 이용하여 세 수의 덧셈을 할 수 있어요.

함께 알아봐요

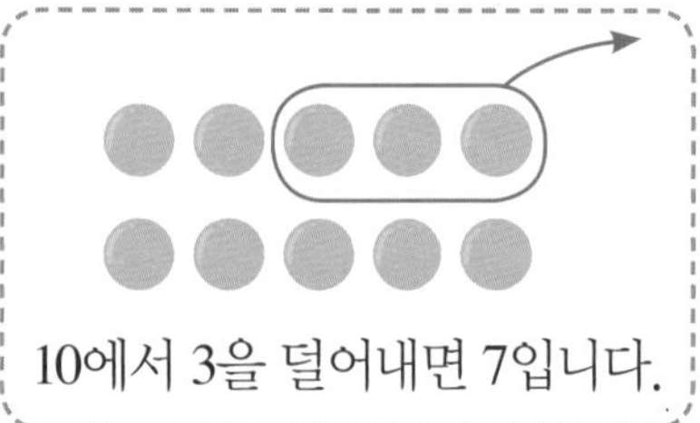
10에서 3을 덜어내면 7입니다.

10과 3을 비교하면 10은 3보다 7만큼 더 많습니다.

그림을 식으로 나타내면 10 − 3 = 7 입니다.

세 수 중 10이 되는 두 수를 먼저 더한 후 세 수의 덧셈을 합니다.

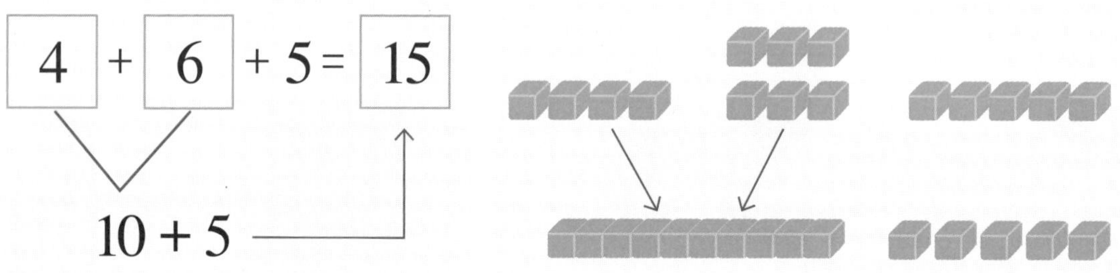

원리를 적용해요

3 + 7 + 2 = □

□ + 2

이야기 속 문제 해결

까치가 먹고 남은 개미는 몇 마리인지 알아보세요.

1. 까치는 개미 10마리 중 6마리를 먹었어요. 까치가 먹은 개미에 /표 하세요.

2. 까치가 먹고 남은 개미의 수를 구하는 식을 쓰세요.

10 - ☐ = ☐

3. 까치가 먹고 남은 개미는 몇 마리인가요?

( ) 마리

실력 튼튼 문제

1 초록색 바구니에는 노란색 바구니보다 물건이 몇 개 더 많이 있는지 빈칸에 알맞은 수를 써 보세요.

10 − □ = □

③

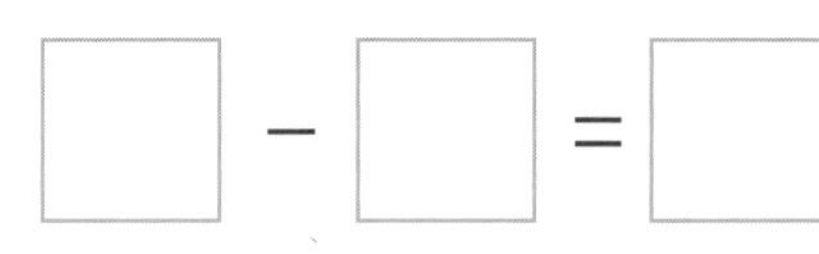

2 원숭이는 토끼보다 몇 점을 더 받았는지 구해 보세요.

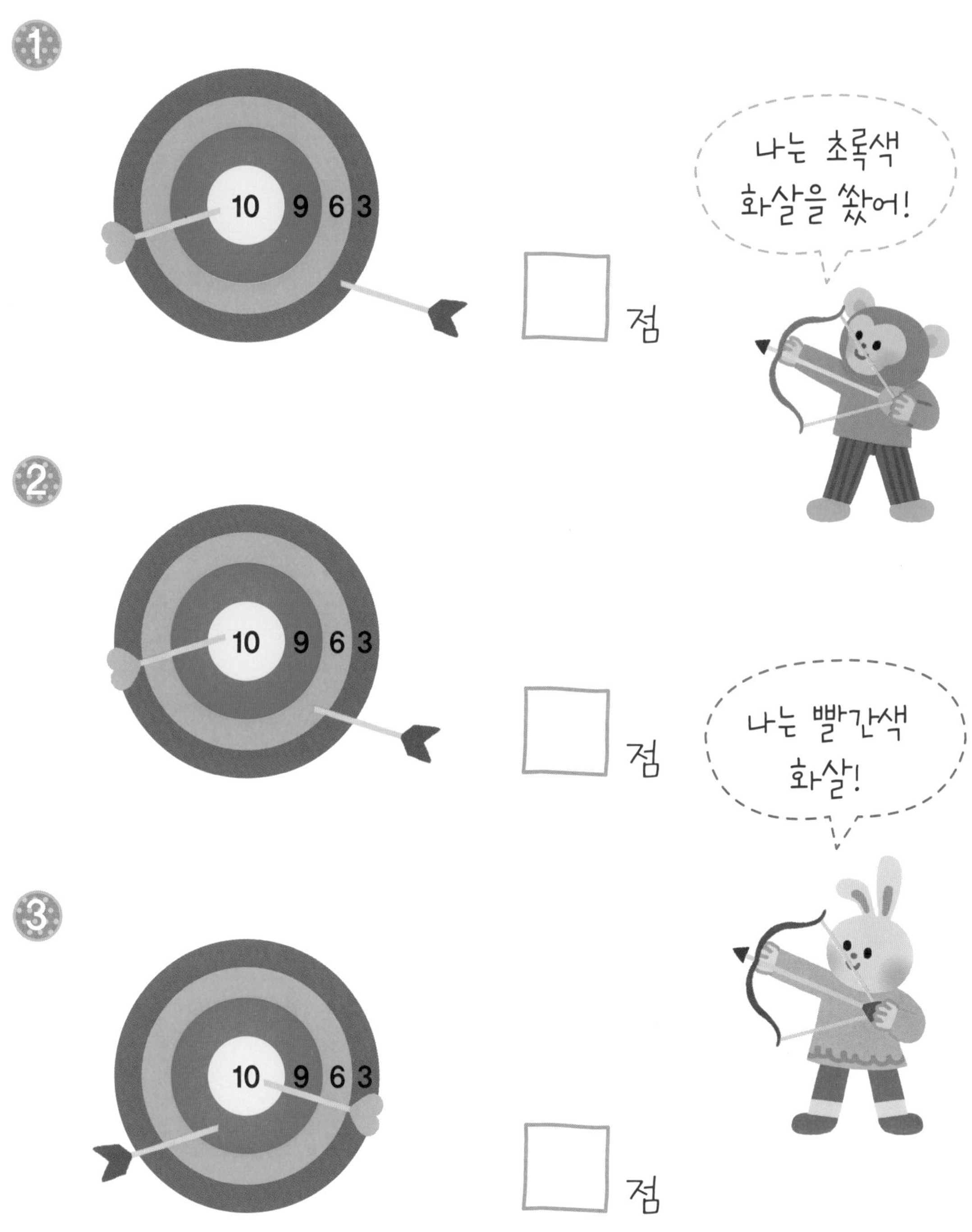

3 돼지 삼형제가 고른 숫자 카드 세 장 중에서 두 수의 합이 10이 되는 카드에 ◯표 하고, 빈칸에 세 수의 합을 써 보세요.

①

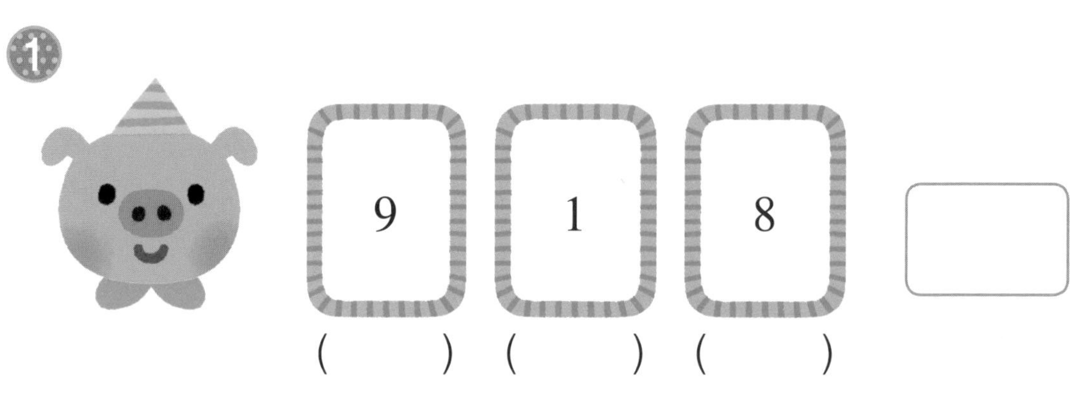

( ) ( ) ( )

②

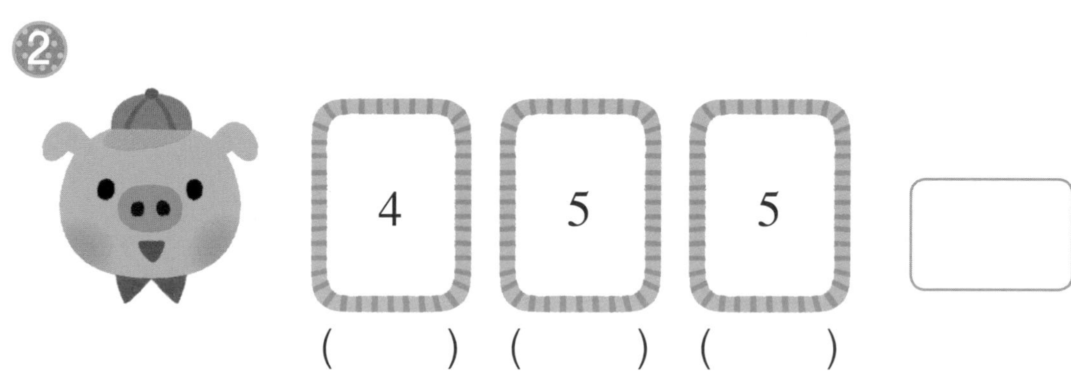

( ) ( ) ( )

③

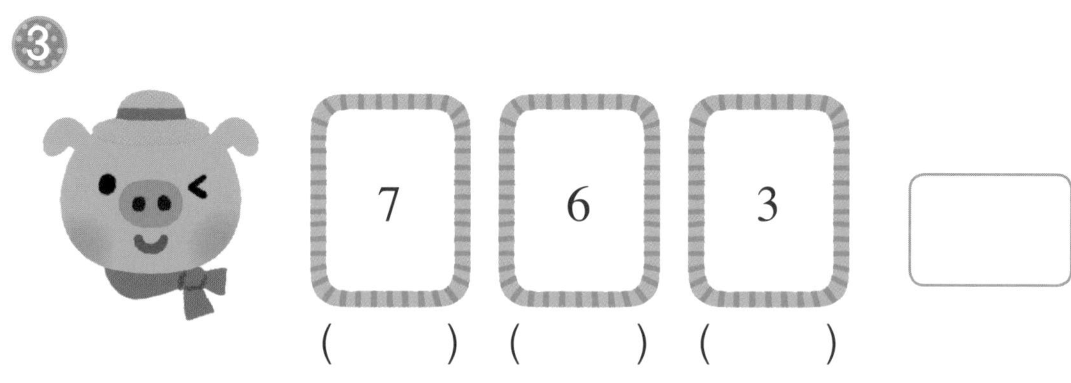

( ) ( ) ( )

4 친구들이 가지고 있는 구슬은 모두 몇 개인지 구해 보세요.

나는 빨간 구슬 4개,
노란 구슬 6개,
파란 구슬 7개를
가지고 있어.

□ + □ + □ = □

나는 빨간 구슬 5개,
노란 구슬 3개,
파란 구슬 7개를
가지고 있어.

□ + □ + □ = □

③

나는 빨간 구슬 2개,
노란 구슬 6개,
파란 구슬 8개를
가지고 있어.

□ + □ + □ = □

1 계산 결과에 맞게 색을 칠해 보세요.

6 7 8 10 13 15

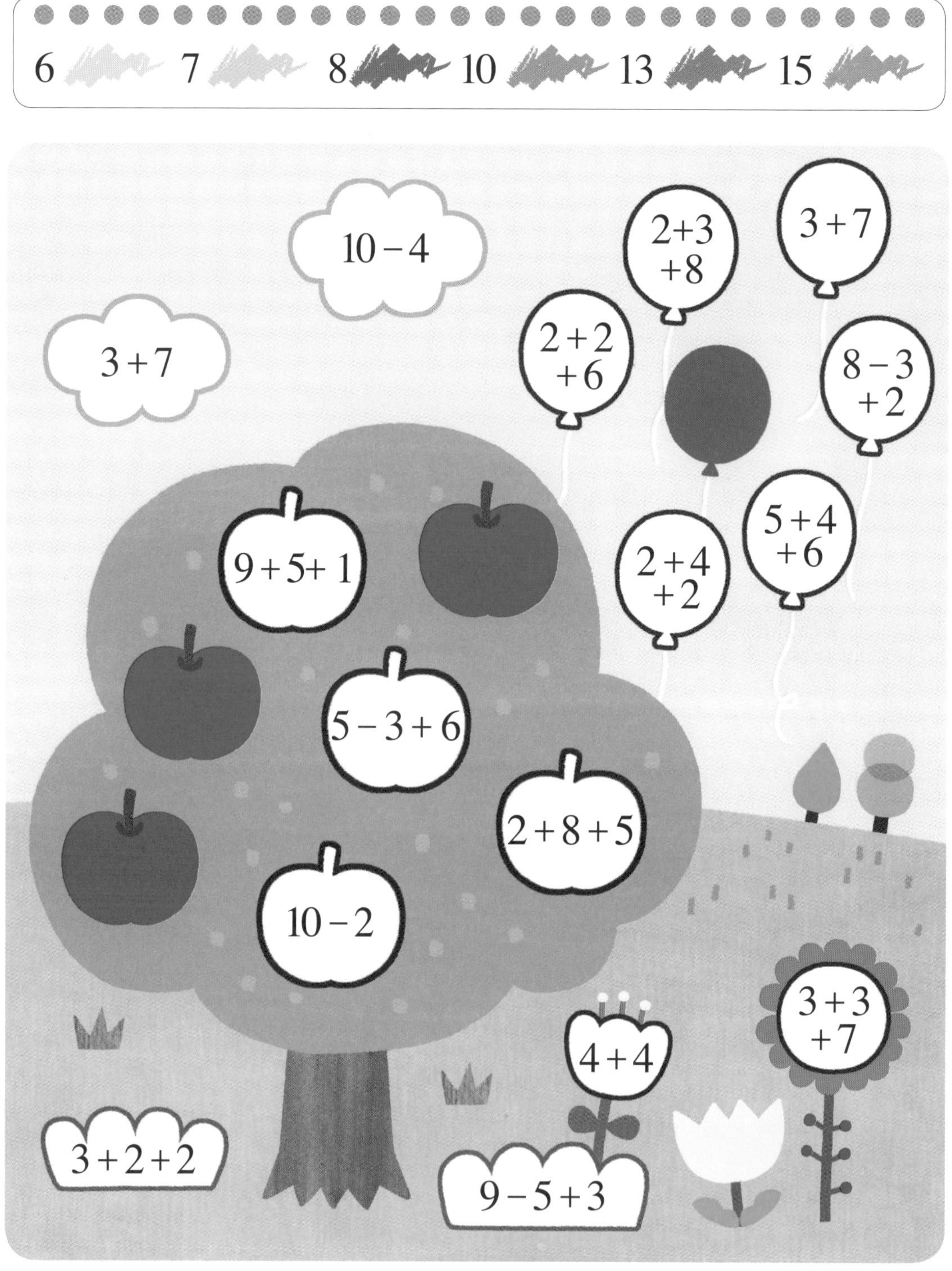

2 서로 다른 색 도미노끼리 붙여 10이 되도록 도미노 부록 을 붙여 보세요.

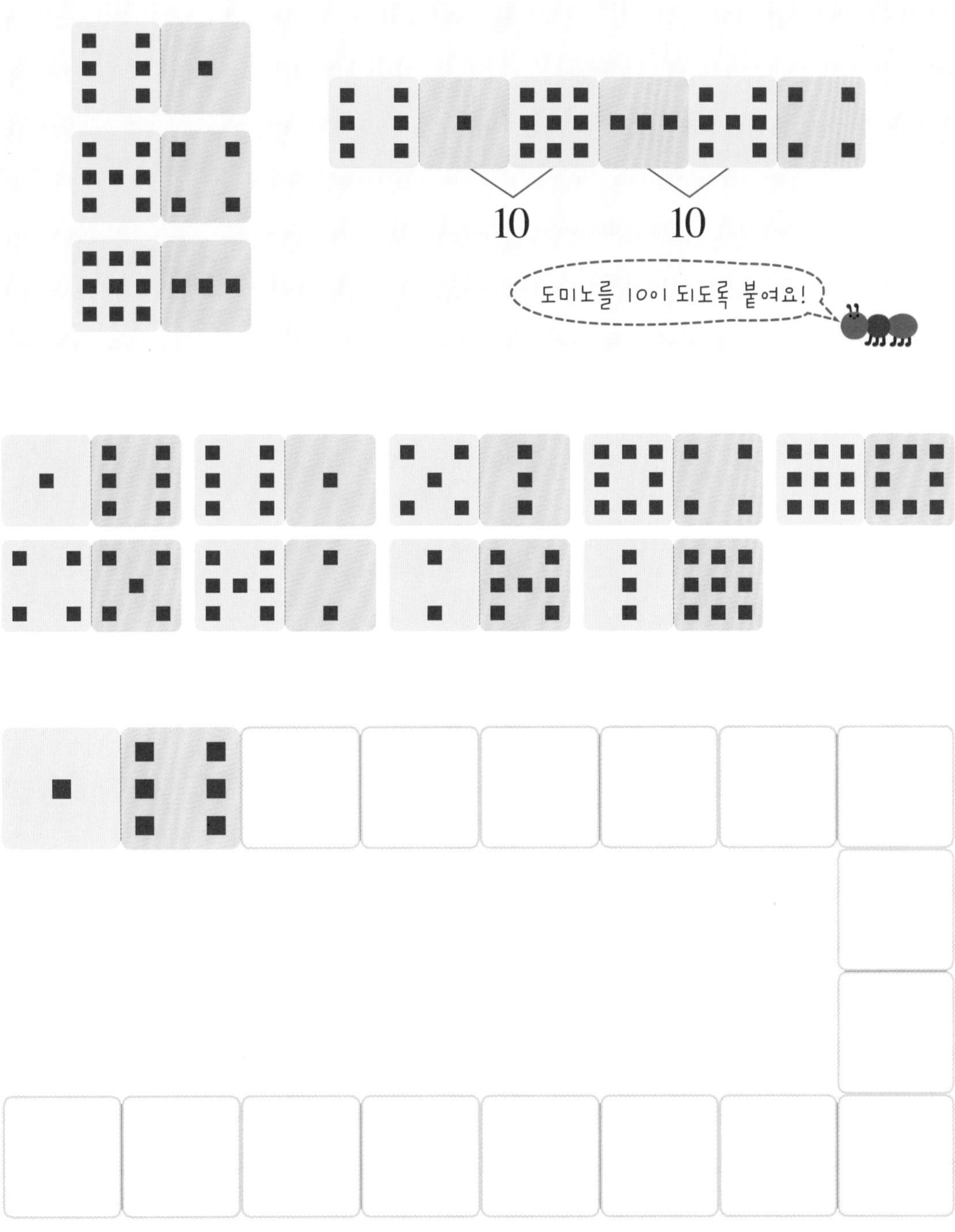

3 세 개의 숫자 공의 합을 ● 안에 쓰고 민지의 숫자 공의 합이 현우의 숫자 공의 합보다 얼마나 더 큰지 ☐에 써 보세요.

①

②

4 계산 결과가 같은 것끼리 분홍색 카드와 노란색 카드를 줄로 이어 보세요.

10 − 7 •	• 12 + 7
10 − 1 •	• 15 − 5 − 7
8 + 1 + 2 •	• 4 + 5
9 + 5 + 5 •	• 1 + 9 + 1

5 □ 안에는 숫자, ○ 안에는 + 또는 −를 써서 식을 완성해 보세요.

① $7 + 2 + \square = 12$

② $6 + \square + 7 = 17$

③ $5 + 5 + \square = 15$

④ $6 + 8 + \square = 16$

⑤ $5 \bigcirc 4 \bigcirc 5 = 14$

⑥ $9 \bigcirc 4 \bigcirc 2 = 7$

⑦ $8 \bigcirc 2 \bigcirc 3 = 9$

⑧ $6 \bigcirc 3 \bigcirc 2 = 7$

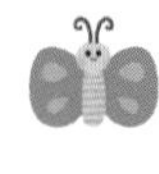

6 과일은 1부터 9까지의 수를 나타내요. 식을 보고 각각의 과일이 나타내는 수를 구해 보세요.

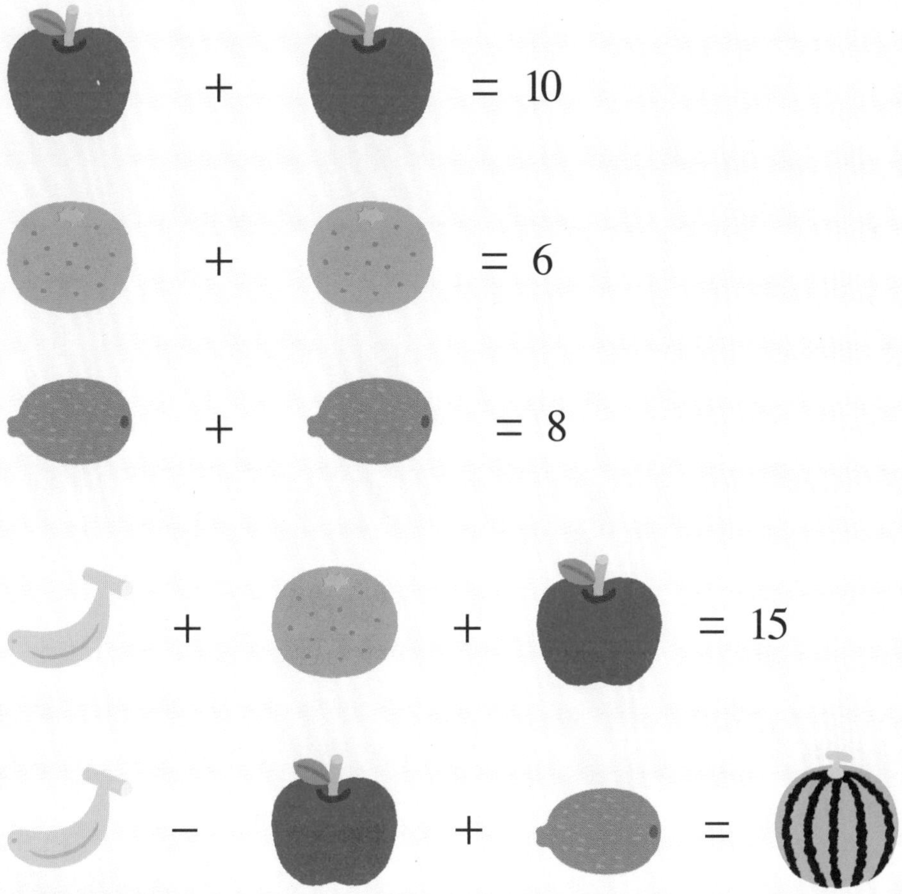

+ = 10

+ = 6

+ = 8

+ + = 15

− + =

=

=

=

=

=

까치의 판결

개미를 야금야금 먹어 삼킨 까치는 또 생각에 잠겼어.
"까치님, 판결은 언제 나나요?"
"험, 개미가 부족하구나.
이래서야 어찌 판결을 내리겠느냐……."
참새랑 파리는 빨리 판결을 받아보고 싶은 마음에
서둘러 개미를 더 구하러 갔어.
한참 만에 돌아온 파리는 개미 8마리를 내놓았어.
참새는 개미 6마리를 내놓았지.
누구의 개미가 더 많은지 셈을 해 본 까치는 판결을 시작했지.
"파리는 듣거라.

너는 음식을 훔쳐 먹는다고 해도 양이 많지 않고
더러운 균을 옮긴다고 해도 큰 병을 일으키지 않으니
너에게는 별로 죄가 없다."

까치의 말을 들은 파리는 고개를 조아리며 앞발을 싹싹 비볐어.

"아이고, 까치님 고맙습니다."

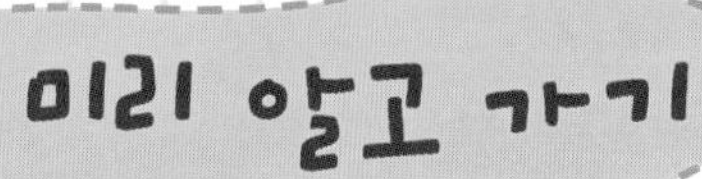

이런 것들을 배워요

- 뒤의 수를 갈라서 (몇) + (몇) = (십 몇)의 계산을 할 수 있어요.
- 앞의 수를 갈라서 (몇) + (몇) = (십 몇)의 계산을 할 수 있어요.

함께 알아봐요

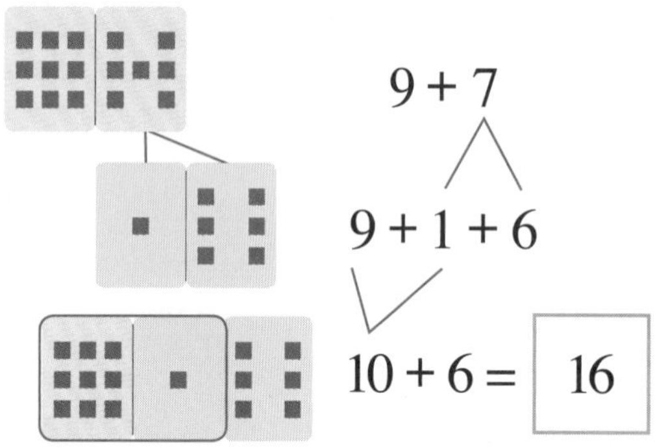

9 + 7에서 7을 1과 6으로 가른 후에 9와 1을 더해서 10을 만듭니다.

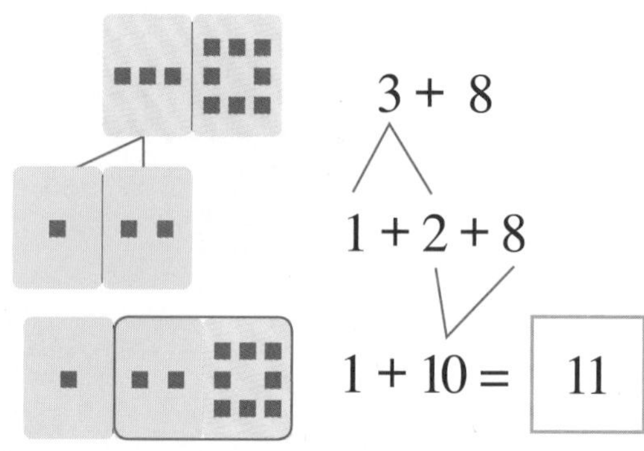

3 + 8에서 3을 1과 2로 가른 후에 2와 8을 더해서 10을 만듭니다.

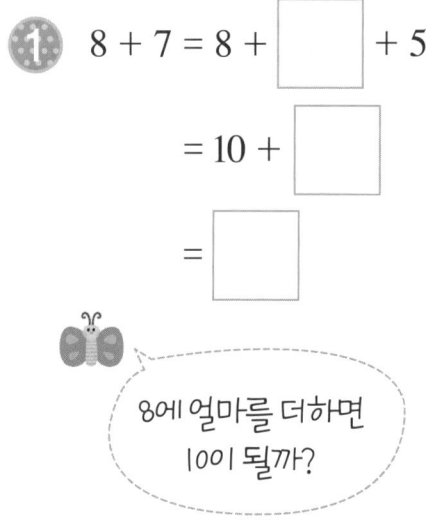

원리를 적용해요

1. $8 + 7 = 8 + \square + 5$

   $= 10 + \square$

   $= \square$

   8에 얼마를 더하면 10이 될까?

2. 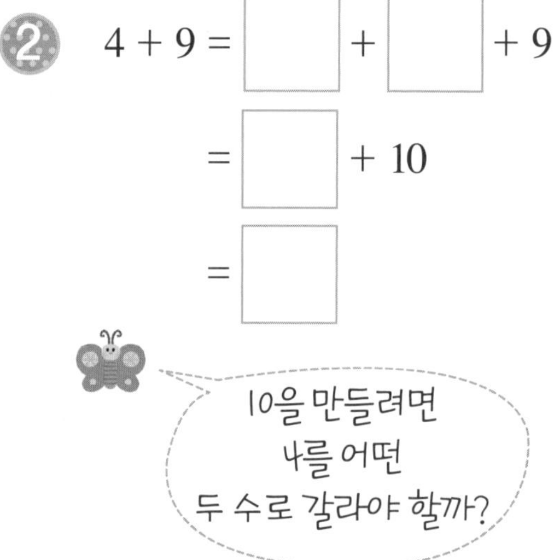

이야기 속 문제 해결

파리는 개미 8마리를, 참새는 개미 6마리를 내놓았습니다. 개미는 모두 몇 마리인지 2가지 방법으로 구해 보세요.

8마리에 2마리를 먼저 더해 10을 만들면 쉽게 구할 수 있겠군.

$$8 + 6 = 8 + \square + \square$$
$$= 10 + \square$$
$$= \square$$

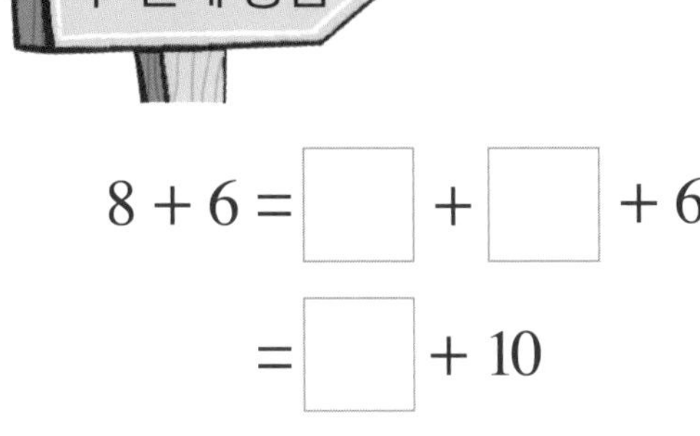

$$8 + 6 = \square + \square + 6$$
$$= \square + 10$$
$$= \square$$

참새가 가져온 6마리에 파리가 가져온 개미 몇 마리를 더하면 10이 될까?

실력 튼튼 문제

1 그림을 보고 □ 안에 알맞은 수를 써 보세요.

①

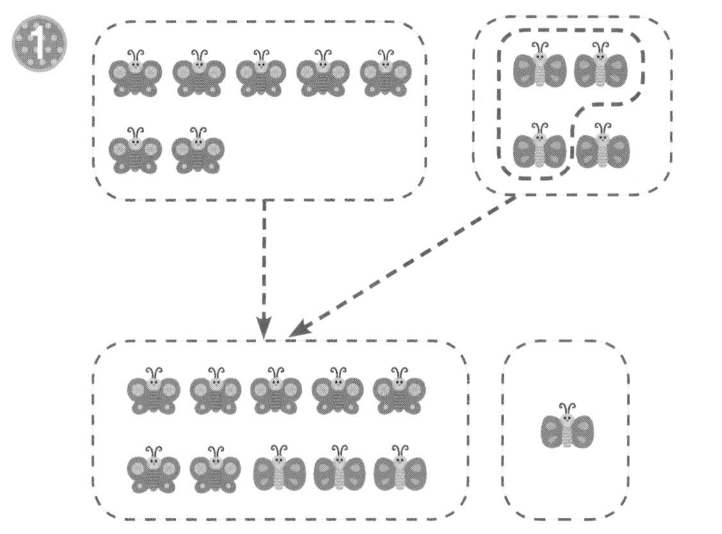

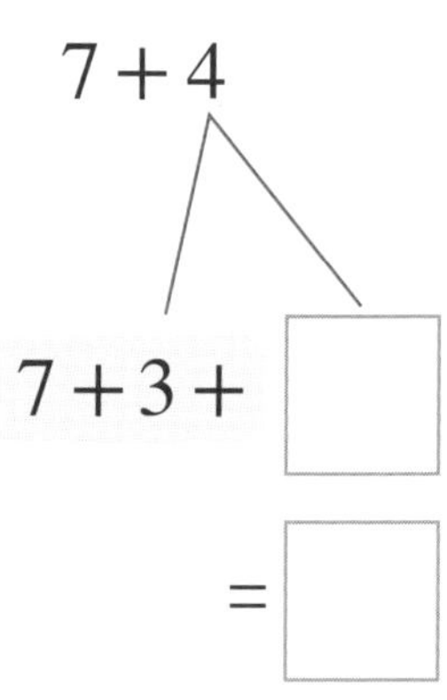

②

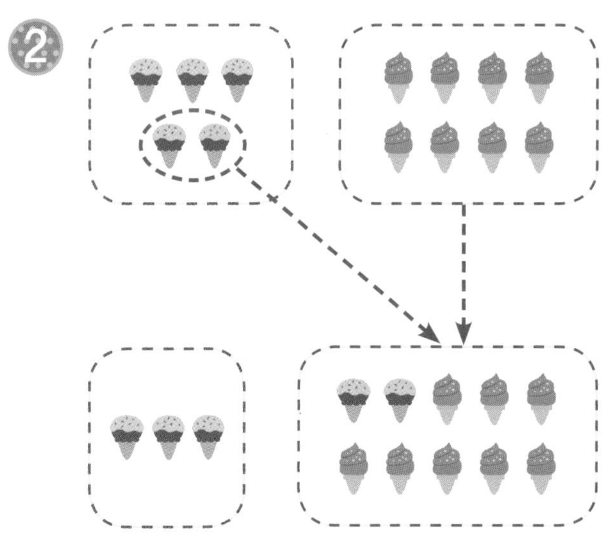

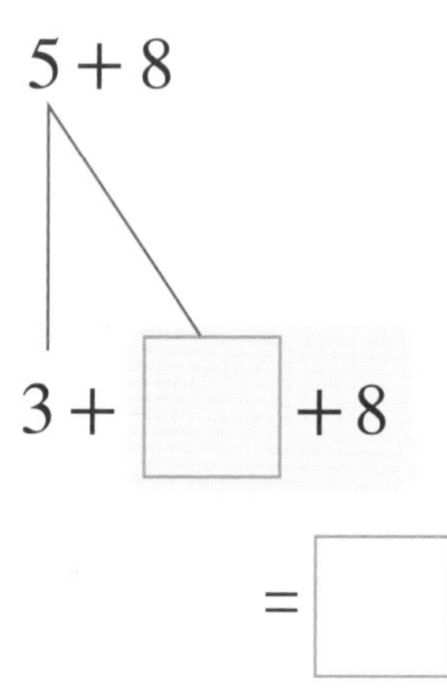

2 □ 안에 알맞은 수를 써 보세요.

① $7+6=7+\square+\square$

$=10+\square$

$=\square$

② $5+9=\square+\square+9$

$=\square+10$

$=\square$

3 계산 결과가 같은 것끼리 줄로 이어 보세요.

9 + 3	5 + 6	7 + 8
•	•	•
•	•	•
9 + 6	8 + 3	6 + 6

4 숫자 카드를 보고 다음 물음에 답해 보세요.

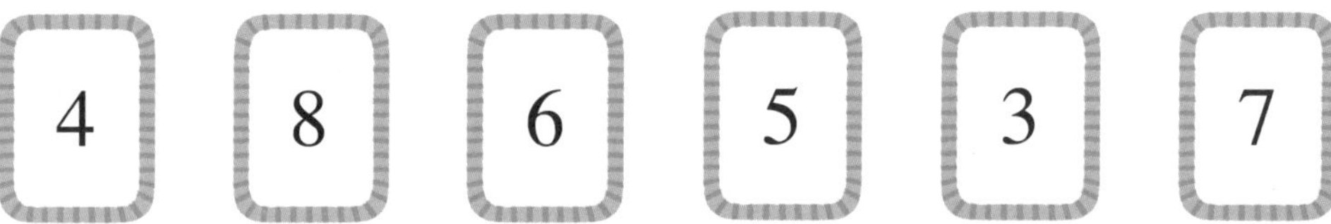

① 두 수의 합이 10이 되는 숫자 카드를 골라 빈 숫자 카드에 알맞은 수를 쓰세요.

□ + □ = 10　　□ + □ = 10

② 두 수의 합이 가장 큰 경우와 두 번째로 큰 경우의 덧셈식을 각각 완성하세요.

가장 큰 경우　□ + □ = □

두 번째로 큰 경우　□ + □ = □

③ 두 수의 합이 13이 되는 경우를 모두 찾아 빈 숫자 카드에 알맞은 수를 쓰세요.

□ + □ = 13　　□ + □ = 13

5 두 수의 합이 가장 작은 수부터 차례로 줄을 이어 그림을 그리고 그림의 제목을 지어 보세요.

①

8 + 6　　9 + 4

7 + 8　　5 + 7

9 + 9　　6 + 5

제목 ______________________

②

3 + 8　　6 + 9

7 + 7　　8 + 4

4 + 6　　8 + 8

제목 ______________________

애벌레 잡기는 힘들어!

이제 다음은 참새 차례야.

"참새는 듣거라. 너는 사람들이 힘들게 지은 농사를 망쳐놓기 일쑤고, 죄 없는 벌레들을 마구 잡아먹으니 잘못이 크구나.

그러니 그 벌로 애벌레를 구해 오너라."

참새는 까치에게 혼날 것이 두려워서 애벌레를 구하러 갔어. 살이 포동포동 찐 애벌레를 구하려고 얼마나 애썼는지 몰라.

참새는 애벌레 8마리를 구할 수 있었지.
아까 참새가 구해 온 개미가 6마리,
거기다가 지금 막 구해 온 애벌레 8마리를 더했더니,
그 수가 제법 크지 뭐야.
까치는 은근슬쩍 미안한 생각이 들었지.
하지만 뭐 어쩌겠어.
이미 판결을 내려 버렸는걸.

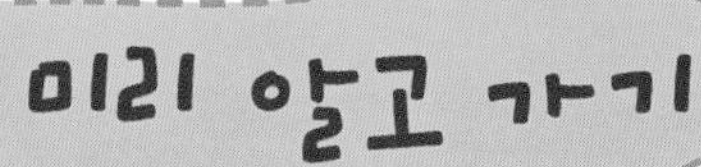

이런 것들을 배워요

- (몇) + (몇) = (십 몇)의 계산을 할 수 있어요.
- 덧셈을 이용하여 문장제 문제를 해결할 수 있어요.
- 덧셈을 이용하여 다양한 문제를 해결할 수 있어요.

함께 알아봐요

민수는 아빠와 함께 낚시를 갔습니다. 민수는 3마리의 물고기를 잡고 아빠는 8마리의 물고기를 잡았다면 민수와 아빠가 잡은 물고기는 모두 몇 마리일까요?

➔ 민수와 아빠가 잡은 물고기는 모두 몇 마리인지를 구해야 하므로 덧셈을 사용해요.

➔ 민수는 3마리, 아빠는 8마리를 잡았으므로 민수와 아빠가 잡은 물고기를 구하는 식은 3+8이에요.

➔ 3과 8을 더하면 11이 되므로 민수와 아빠가 잡은 물고기는 모두 11마리예요.

원리를 적용해요

개미핥기가 한 번에 개미 7마리를 잡고 또 다시 6마리를 잡았다면 개미핥기는 모두 몇 마리의 개미를 잡았을까요?

식 : ______________ 답 : ______________ 마리

이야기 속 문제 해결

개미 또는 애벌레가 모두 몇 마리인지 구해 보세요.

1. 참새는 개미 6마리와 애벌레 8마리를 까치에게 주었어요. 참새는 까치에게 개미와 애벌레를 모두 몇 마리 주었나요?

   식 : ____________ 답 : ________ 마리

2. 까치는 두더지가 준 지렁이 6마리와 꿀벌이 준 지렁이 7마리를 갖고 있어요. 까치의 지렁이는 모두 몇 마리인가요?

   식 : ____________ 답 : ________ 마리

3. 까치는 첫째에게 애벌레 8마리를 주고 둘째에게 애벌레 5마리를 주었어요. 애벌레를 모두 몇 마리주었나요?

   식 : ____________ 답 : ________ 마리

실력 튼튼 문제

1 5장의 카드를 한 번씩만 사용하여 다음 식을 모두 완성해 보세요.

[1] [3] [5] [7] [9]

$5+8=1\square$ $6+\square=11$

$8+9=\square\square$ $\square+5=14$

2 바둑판 위에 검은색 바둑돌 8개와 흰색 바둑돌 6개가 있어요. 바둑돌은 모두 몇 개인지 식을 쓰고 답을 구해 보세요.

식 : ____________ 답 : ________ 개

3 누가 더 많은 친구를 초대하는지 ○표 해 보세요.

나는 남자 친구 6명과
여자친구 7명을
초대하려고 해.
난 남자친구 9명과
여자친구 5명을
초대해야지!

( ) ( )

4 코뿔새는 멸종 위기에 있는 새예요. 동물원에서 코뿔새 8마리를 보호하고 있었는데 3마리의 코뿔새가 더 태어났어요. 이 동물원에는 몇 마리의 코뿔새가 있을까요?

( ) 마리

5 주어진 숫자 카드를 모두 이용해서 2개의 덧셈식을 만들어 보세요.

15	9	7	14	5	8

□ + □ = □, □ + □ = □

6 수를 한 번씩만 써서 가로로 덧셈식이 되는 수를 모두 찾아 [+ =] 표 해 보세요.

2 +	4 =	6	8	5	7	13
4	7	12	5	8	7	15
3	4	8	12	5	3	8
11	7	3	13	6	5	10
5	8	13	6	3	8	9
4	9	5	14	7	7	13

7 선생님이 보여 준 두 장의 숫자 카드의 합을 구해 친구들의 빙고판에 각각 ╳표 해 봐요. 누가 두 줄을 먼저 지웠을지 써 보세요.

선생님이 보여 준 카드

1회	2회	3회	4회	5회
5 6	9 4	7 8	5 7	8 9

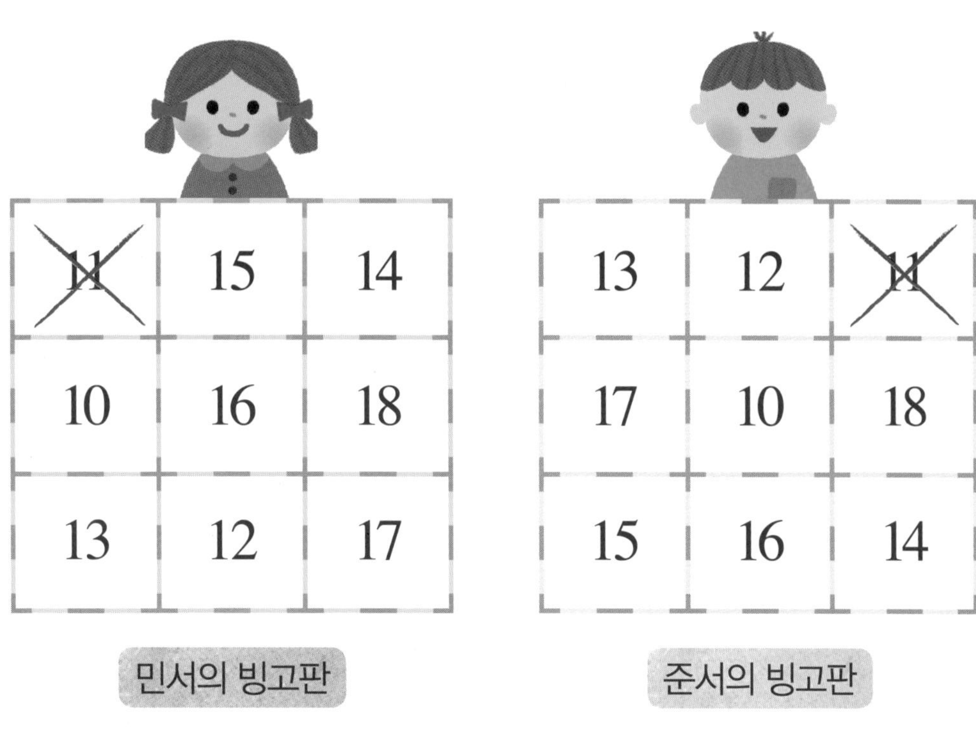

11 (╳)	15	14
10	16	18
13	12	17

민서의 빙고판

13	12	11 (╳)
17	10	18
15	16	14

준서의 빙고판

(　　　　　)

"아이고, 배부르다."

까치가 불룩 튀어나온 배를 쓰다듬으며

끄억 하고 트림을 했어.

그 모습을 본 참새는 배에서 꼬르륵 소리가 났지.

안 그래도 배가 고팠는데,

개미며 애벌레를 구하러 다니느라고
기운을 몽땅 써 버렸더니 눈물이 날 지경이었어.
'이게 다 까치의 엉터리 판결 때문이야!'
참새는 어떻게든 까치를 골려 줘야겠다고 생각했지.
그래서 참새는 아주 어려운 덧셈표를 만들어서
까치를 찾아갔단다.
"까치님은 지혜로우니 이 표를 완성할 수 있겠죠?"
참새는 까치를 놀리듯 물었어.
까치는 복잡한 덧셈표를 보고 눈만 깜빡거렸지.

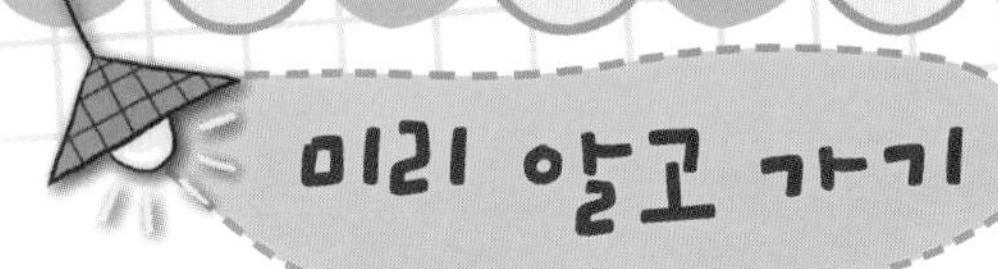

이런 것들을 배워요

- 두 수의 합을 구하여 덧셈구구표를 완성할 수 있어요.
- 덧셈구구표에서 여러 가지 규칙을 찾을 수 있어요.

함께 알아봐요

덧셈표를 알아보아요.

+	5	6	7	8	9
5	10	11	12	13	14
6	11	12	13	14	15
7	12	13	14	15	16
8	13	14	15	16	17
9	14	15	16	17	18

① 가로 방향으로 수가 1씩 커져요.

② 세로 방향으로 수가 1씩 커져요.

③ 초록 칸의 수는 5+6과 6+5 이므로 계산 결과가 같아요.

④ ⬭ 안의 수는 서로 같아요.

⑤ ⬭ 안의 수는 2씩 커져요.

원리를 적용해요

다음 표를 완성하세요.

+	0	1	2	3	4	5	6	7	8	9
4										

이야기 속 문제 해결

참새는 아주 어려운 덧셈구구표를 만들어서 까치를 찾아갔습니다. 물음에 답해 보세요.

1 두 수의 합을 구하여 덧셈구구표를 완성하세요.

+	0	1	2	3	4	5	6	7	8	9
0	0	1	2	3	4	5		7	8	9
1	1	2		4	5	6	7		9	10
2	2	3	4		6		8	9	10	
3	3		5	6		8	9	10		12
4		5		7	8	9		11	12	13
5	5		7	8			11	12	13	14
6	6	7	8	9				13	14	
7	7		9		11	12			15	16
8		9	10		12	13	14	15		
9	9	10		12		14		16		

2 덧셈구구표에서 찾을 수 있는 규칙을 바르게 말한 동물에 ○표 하세요.

덧셈구구표에는 10이 가장 많아.

(　　　　)

더한 결과는 0부터 18까지 나와.

(　　　　)

가로로는 1씩 커지고 세로로는 2씩 커지지.

(　　　　)

실력 튼튼 문제

1 다음 덧셈표를 완성해 보세요.

①

+	4	5	6	7	8	9
7						

②

+	3	4	5	6	7	8
9						

2 빈 곳에 알맞은 수를 써 보세요.

①

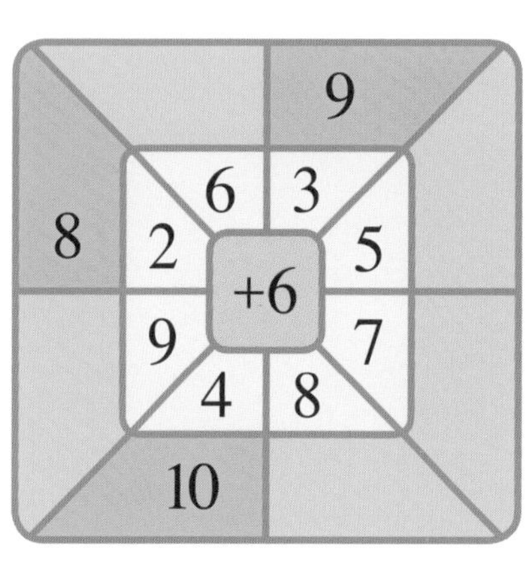

②

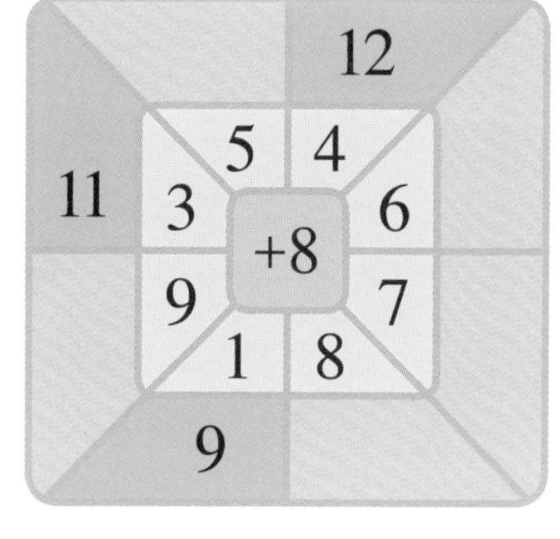

3 가로와 세로로 덧셈식이 되도록 ☐ 안에 알맞은 수를 써 넣고 ☐로 묶어 보세요.

	3	+	9	=	1	2			
						+			
				5	+	9	=		
				+		=			+
		8	+	7	=	1			9
		+		=		1			=
		8							
		=							
7	+		=						

4 덧셈구구표를 색종이에 그렸어요. 물음에 답해 보세요.

+	0	1	2	3	4	5	6	7	8	9
0	0	1	2	3	4	5	6		8	9
1	1		3	4	5	6		8	9	10
2	2	3	4	①	6		8	9	10	11
3	3	4	5	6		8	9	10	11	12
4	4		6		8	9	10	11	②	13
5	5	6		8	9	10	11	12	13	14
6	6		8	③	10	11	12	④	14	15
7		8	9	10		12	13	14	15	16
8	8		10	11	⑤	13	14	15	16	17
9	9	10	11	12	13	14	15	16	⑥	

1 위의 표의 각 번호에 해당하는 덧셈식과 답을 쓰세요.

① 3 + 2 = ☐　　② ☐ + ☐ = ☐

③ ☐ + ☐ = ☐　　④ ☐ + ☐ = ☐

⑤ ☐ + ☐ = ☐　　⑥ ☐ + ☐ = ☐

② 흰 칸의 수들을 살펴봐요. 규칙을 바르게 말한 친구는 누구일지 ◯표 해 보세요.

흰색 칸의 수는
7, 8, 9, …로 1씩 커져.

( )

흰색 칸에는 모두
7이 들어가.

( )

③ 노란색 칸의 수들에는 어떤 규칙이 있나요? 빈칸에 알맞은 수를 쓰고, 알맞은 말에 ◯표 해 보세요.

① ( )씩 커집니다. ② 모두 (짝수, 홀수)입니다.

④ 빨간색 점선 위에 있는 수들의 규칙을 바르게 말한 친구에게 ◯표 해 보세요.

색종이를 빨간색 점선으로
접으면 만나는 칸의 수들은
서로 같은 수야.

( )

빨간색 점선 위의 수들은
0도 있고, 짝수도 있고,
홀수도 있어.

( )

창의력 쑥쑥 문제

1 희연이의 덧셈 방법과 같이 덧셈을 계산해 보세요.

①

[희연이의 방법]

$8+6$

$8+2+4$

$10+4=$ 14

$9+4$

②

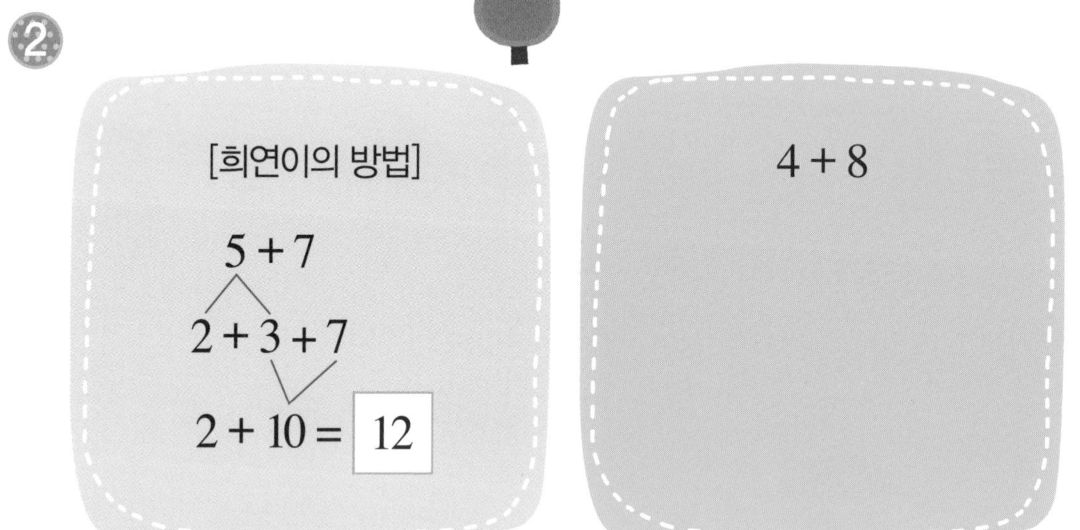

[희연이의 방법]

$5+7$

$2+3+7$

$2+10=$ 12

$4+8$

2 정은이는 수수께끼 퍼즐 문제를 풀고 있어요. 물음에 답해 보세요.

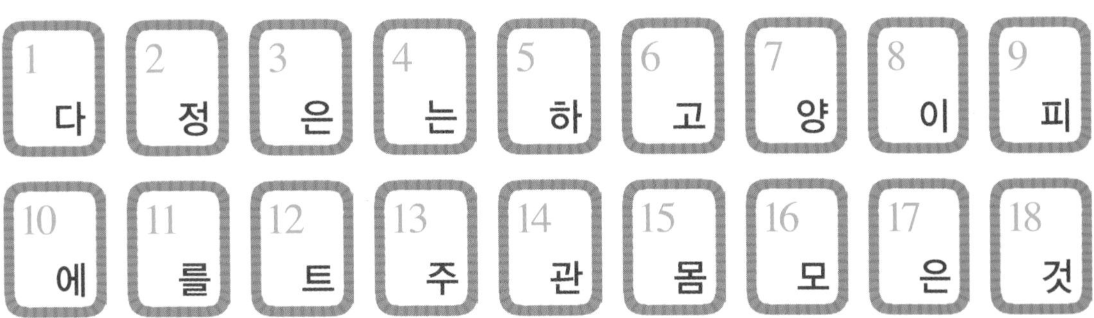

1. 두 수의 합을 구하고 그 합에 해당하는 글자 카드를 부록 에서 찾아 붙여 보세요.

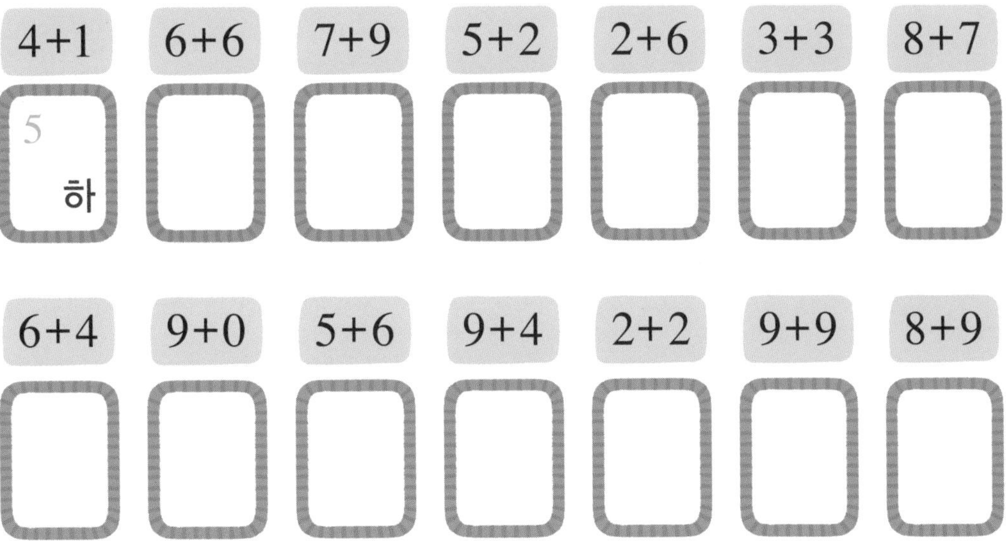

2. 수수께끼의 답을 찾아 ○표 하세요.

(입　손　심장　위)

3 동물들의 이야기를 읽고 물음에 답해 보세요.

난 바나나가
9개하고도 2개나
더 있어.
그래? 나는 자두가
6개하고도 7개나 더 있는걸.
흠, 내 사과가 가장
많은 것 같아.
나는 12개의 사과를
가지고 있어.

① 원숭이가 가지고 있는 바나나는 몇 개인지 덧셈식을 써서 구하세요.

식 : ____________ 답 : ________ 개

② 토끼가 가지고 있는 자두는 몇 개인지 덧셈식을 써서 구하세요.

식 : ____________ 답 : ________ 개

③ 가장 많은 과일을 가지고 있는 동물은 누구입니까?

(　　　　)

4 지은이는 퀴즈 맞히기에서 9문제를 맞히고 6문제를 틀렸어요. 지은이가 푼 퀴즈는 모두 몇 문제일까요?

( ) 문제

5 상자에서 쿠키 8개를 꺼내어 먹고 남은 쿠키를 세었더니 5개였어요. 처음 상자에 들어 있던 쿠키는 모두 몇 개일까요?

( ) 개

6 ◯ 안에 1부터 9까지의 수 중 서로 다른 수를 하나씩 넣어, 각 줄의 합이 14, 15, 17이 되도록 해 보세요.

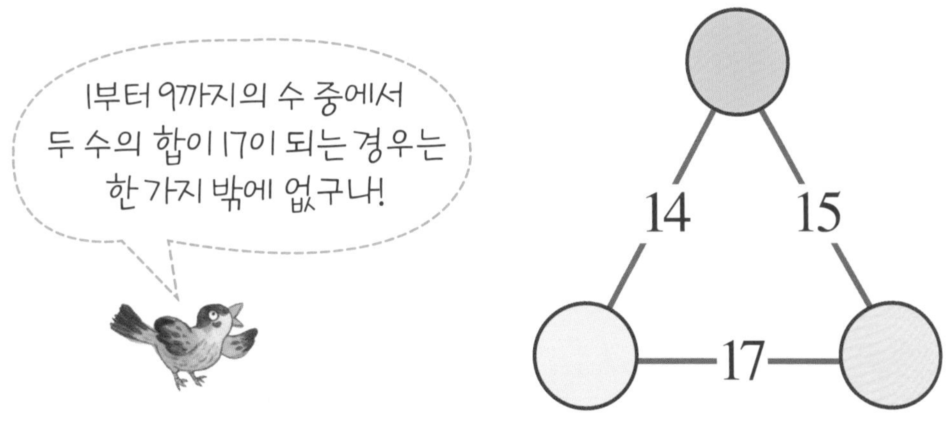

1부터 9까지의 수 중에서
두 수의 합이 17이 되는 경우는
한 가지 밖에 없구나!
14
15
17

7 여러 장의 숫자 카드들이 놓여 있어요. 이 숫자 카드를 모두 한 번씩만 사용하여 3개의 덧셈식을 만들어 보세요.

①

사용한 수는 ╳로 지워 보세요.

4 + 8 = 1 2

☐ + ☐ = 1 0

☐ + ☐ = ☐☐

②

8	3	~~1~~	~~6~~	~~1~~	9
4	1	9	~~6~~	8	7

☐ + ☐ = 1 6

☐ + ☐ = 1 6

☐ + ☐ = ☐ ☐

8 홀수끼리 더해서 덧셈표를 만들었어요. 덧셈표를 보고 물음에 답해 보세요.

+	1	3	5	7	9
1	2	4	6	8	10
3	4	6			12
5		8	10	12	
7	8	10		14	16
9	10		14		18

1 빈칸에 알맞은 수를 써 넣어 표를 완성하세요.

2 홀수 덧셈표를 보면서 찾을 수 있는 규칙이 맞으면 ◯표, 틀리면 ╳표 하세요.

① 가로와 세로로는 2씩 커집니다. (　　　)

② 계산 결과는 짝수도 있고 홀수도 있습니다. (　　　)

③ ↗ 방향의 같은 줄에는 같은 수들이 쓰입니다. (　　　)

④ ↘ 방향의 같은 줄의 수들은 2씩 커집니다. (　　　)

9 가로와 세로로 덧셈식이 되도록 ▢ 안에 알맞은 수를 써 보세요.

							8	+	7	=		
5	+		=	1	1							+
		+						7	+	2	=	
		7	+	8	=							=
		=					+					
		1					6	+		=	1	
9	+		=				=		+		+	
							1	+	8	=		
		7	+		=	1	1		=		=	
				9	+		=	1				

새콤달콤 앵두 한 입

"네가 엉터리 재판관이라는 걸 알릴 테다."

참새가 짹짹거리며 다리를 폴짝!

한 걸음, 한 걸음 걸을 때마다 분하고 서러워서

쫑쫑쫑 폴짝폴짝 방방 뛰듯 걸었지.

그 모습을 보고 놀란 까치는 버둥대며 애원했어.

"내가 모아 둔 앵두를 나눠 줄 테니 화 풀어라."

까치는 그동안 아끼고 아껴 뒀던
앵두 15개를 꺼내놨어.
참새는 그 가운데 7개를 꿀꺽 먹어치웠지.
아이고, 그 맛이 얼마나 달고 새콤하던지!
참새는 먹는 내내 촐싹촐싹 호들갑을 떨었어.
까치는 군침을 흘리며
참새가 먹는 걸 지켜볼 수밖에 없었지.

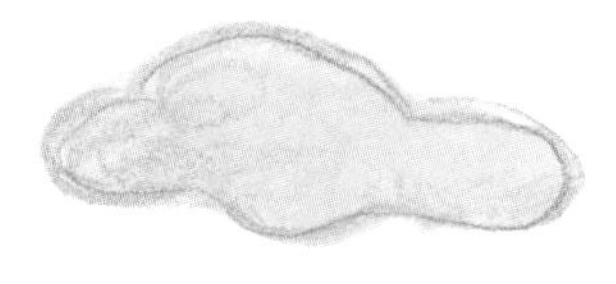

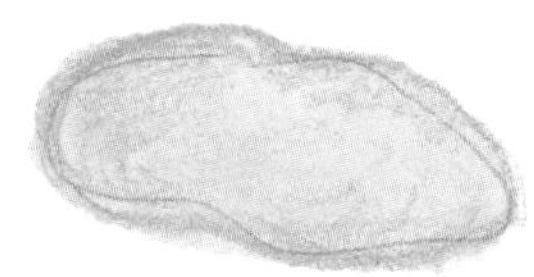

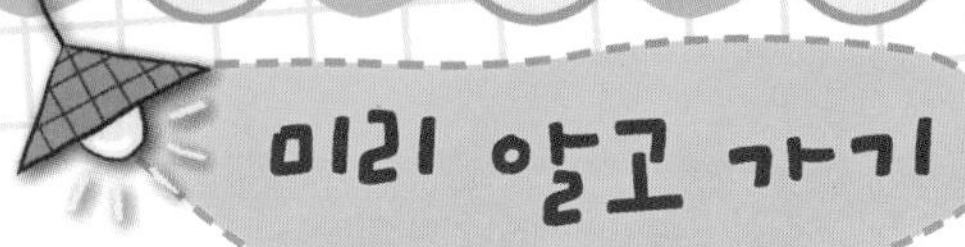

이런 것들을 배워요

• (십 몇)−(몇)=(몇)에서 뒤의 수를 갈라서 빼고 또 빼는 뺄셈을 할 수 있어요.

함께 알아봐요

7을 3과 4로 먼저 가른 후 13에서 3을 빼 10이 되게 해요.
10에서 4를 빼면 6을 쉽게 구할 수 있어요.

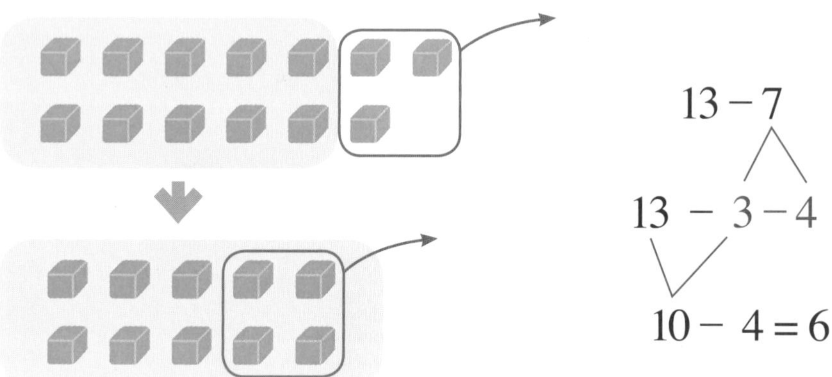

원리를 적용해요

그림을 이용해서 16 − 8을 계산하세요.

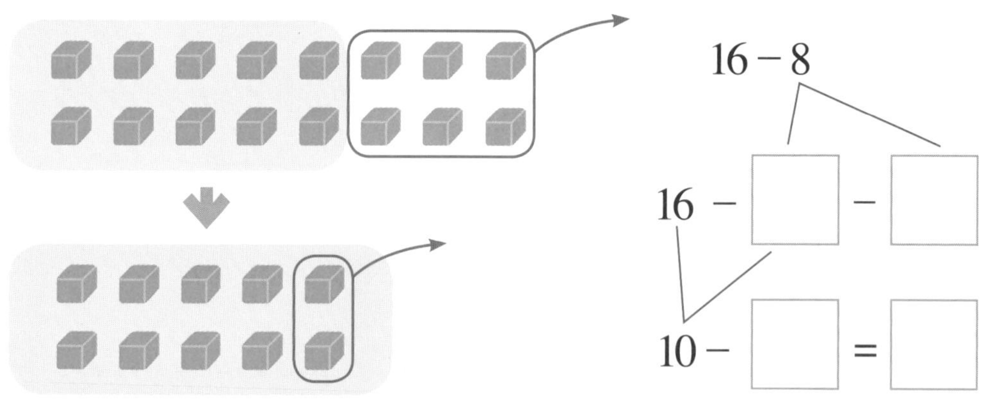

이야기 속 문제 해결

참새는 까치에게 받은 앵두 15개 중에서 7개를 꿀꺽 먹었어요.
참새가 먹고 남은 앵두의 수를 구해 보세요.

1. 남은 앵두의 수를 구하는 식을 계산하는 과정입니다. 빈칸에 알맞은 수를 쓰세요.

$$15 - 7 = 15 - \square - \square$$
$$= 10 - \square$$
$$= \square$$

2. 15 − 7을 계산하는 방법입니다. 빈칸에 알맞은 수를 쓰세요.

뒤의 수 7을 (　　　)와 (　　　)로 가른 뒤에 15에서 (　　　)를 빼면 10이 되고, 10에서 남은 수 (　　　)를 빼면 (　　　)이 됩니다.

3. 참새가 먹고 남은 앵두는 몇 개입니까?

(　　　) 개

실력 튼튼 문제

1 빈칸에 알맞은 수를 써 보세요.

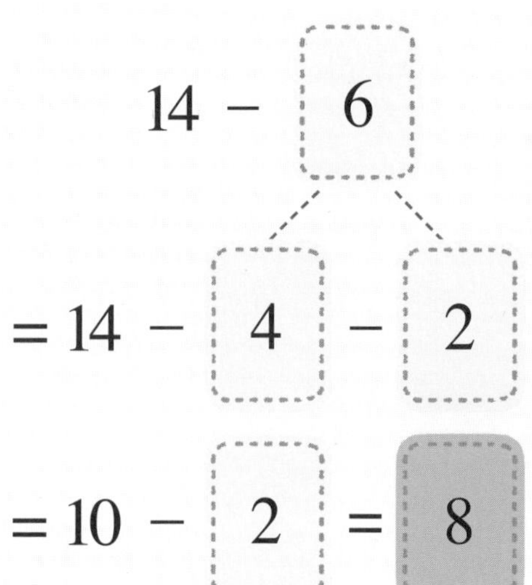

❶

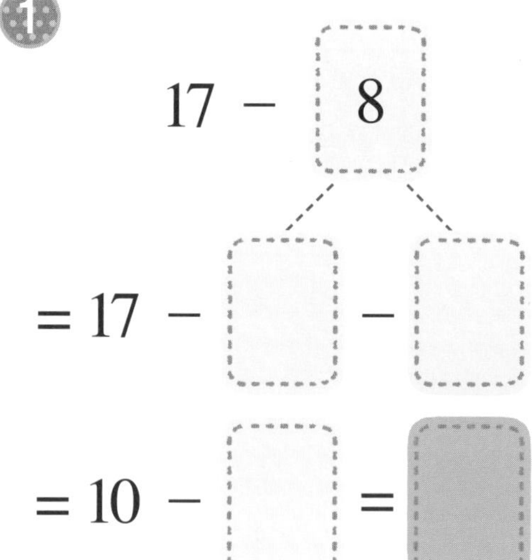

❷

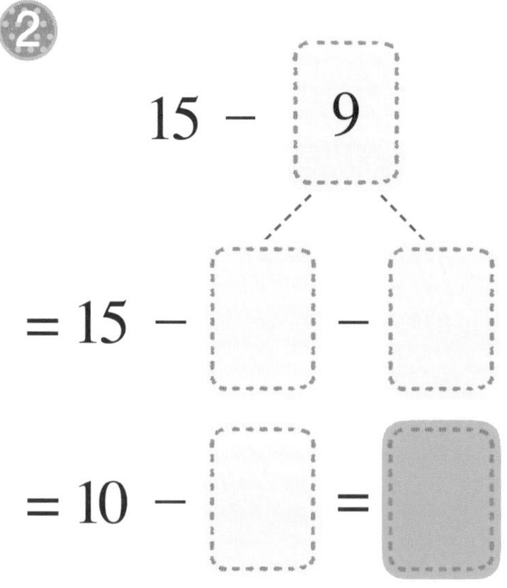

❸

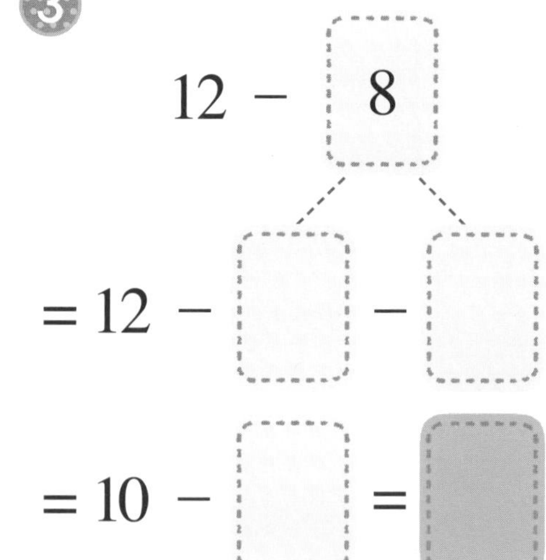

2 깃발에 적힌 수가 답이 되는 뺄셈식을 모두 찾아 ○표 해 보세요.

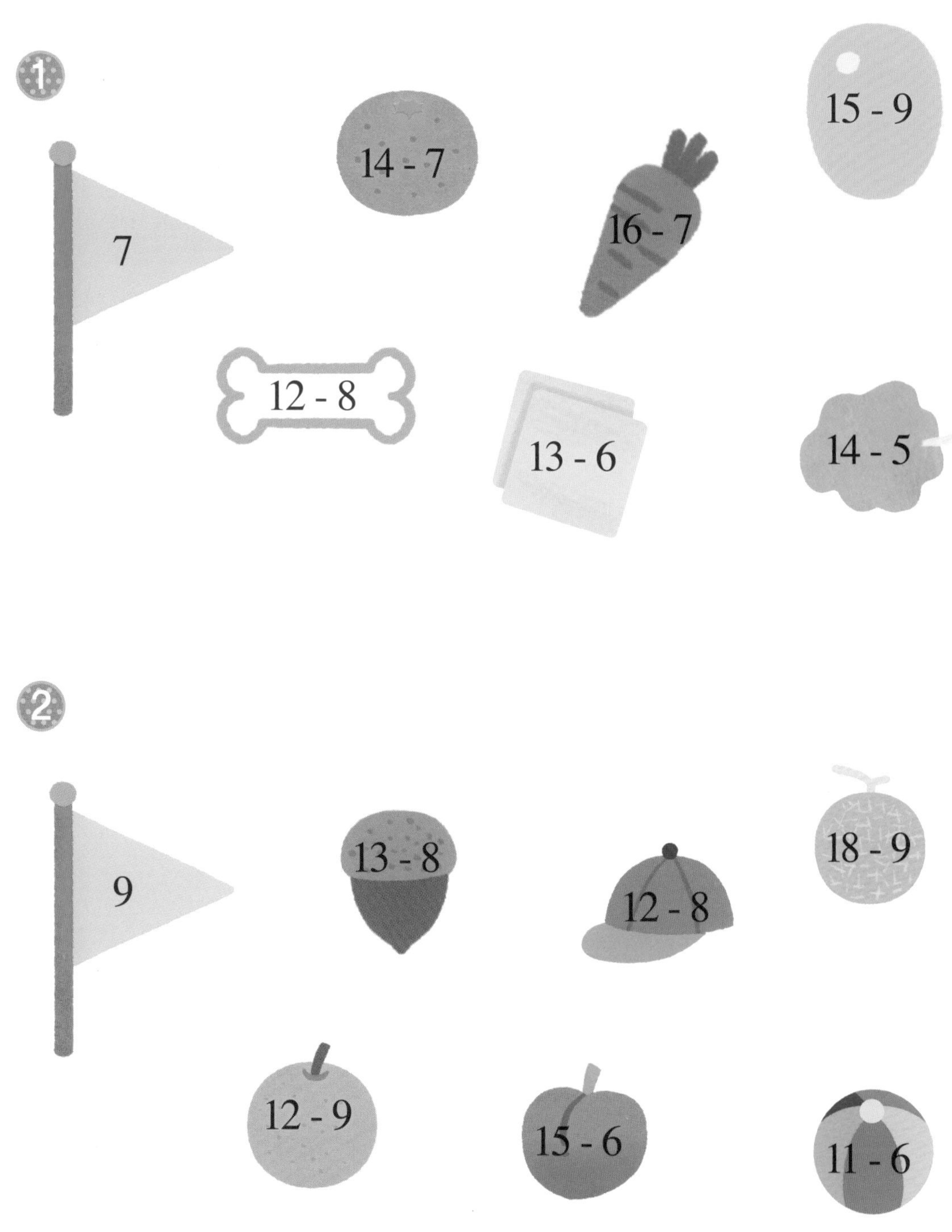

3 둘 중 남은 물건의 수가 더 많은 사람에게 ◯표 해 보세요.

①
곶감 12개 중에서 3개를 먹었어!
대추 14개 중에서 6개를 먹었어!
( )
( )
②
색종이 15장이 있었는데 9장을 썼어.
도화지 14장이 있었는데 7장을 사용했어.
( )
( )
③
연필 13자루 중에서 5자루를 친구에게 빌려줬어.
색연필 16자루 중에서 9자루를 동생이 가져갔어.
( )
( )

4 수 카드 4장으로 계산 결과가 같은 뺄셈식 2개를 만들어 보세요.

4 8 15 11

15 − 8 = 7, 11 − 4 = 7

뺄셈식은 (십 몇) − (몇)이어야 해요!

❶ 7 11 13 5

☐ − ☐ = 6, ☐ − ☐ = 6

❷ 6 16 14 8

☐ − ☐ = 8, ☐ − ☐ = 8

애벌레 꼭꼭 숨기기

며칠 뒤, 참새는 또 까치를 찾아갔어.
이번에는 그동안 까치가 모아 둔 애벌레를 뺏어 먹으러 간 거지.
참새가 나타나자 까치는 얼른 애벌레 12마리 가운데
5마리를 나무 구멍 속에다 숨겼어.
그러고는 원래 그것밖에 없었던 것처럼 시치미를 뚝 뗐지.
까치는 참새에게 물었어.
"참새야, 왜 자꾸 내 애벌레를 뺏어 먹는 거냐?"
"그야 너 때문에 내가 파리를 놓쳤으니,
그 벌로 네 애벌레를 대신 먹는 게지."

참새는 까치의 애벌레를
우걱우걱 먹어치우며 말했어.
까치는 입맛을 쩝 다시며
궁리했지.
'저 고약한 참새를
혼내 줄 방법이 없을까?'

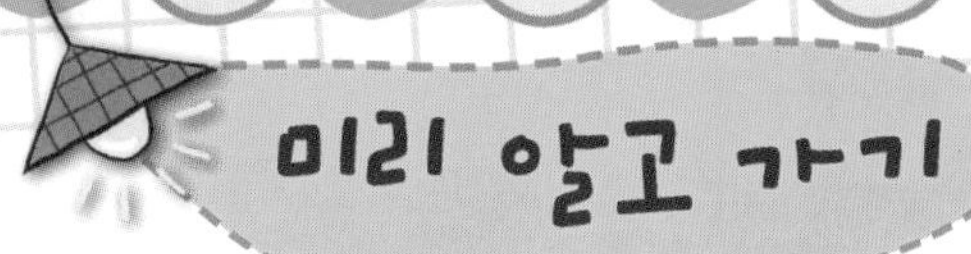

이런 것들을 배워요

- (십 몇) − (몇) = (몇)에서 앞의 수를 10과 몇으로 갈라 10에서 뒤의 수를 빼고 몇을 더하는 뺄셈을 할 수 있어요.

함께 알아봐요

13을 10과 3으로 갈라서 10에서 먼저 7을 빼요.
그 후 3을 더하면 6을 쉽게 구할 수 있어요.

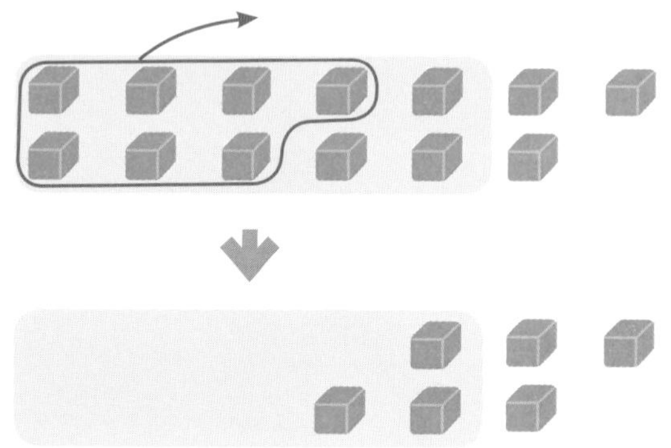

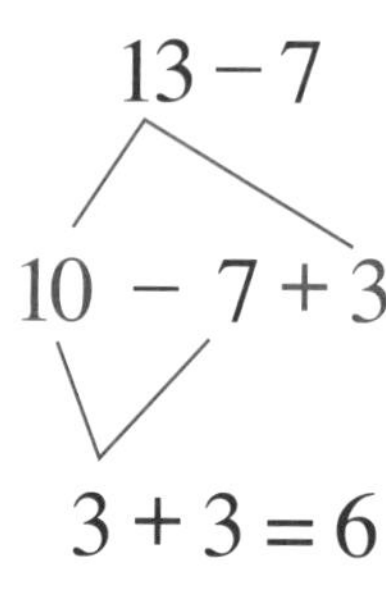

원리를 적용해요

그림을 이용해서 15 − 6을 계산해 보세요.

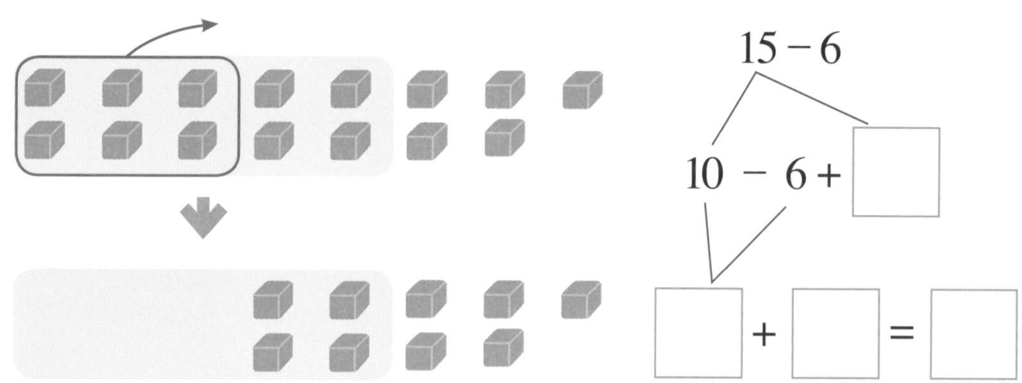

이야기 속 문제 해결

까치는 참새에게 애벌레 12마리를 모두 빼앗길까봐 5마리를 숨겼어요.
까치가 나무 구멍 속에 숨기고 남은 애벌레의 수를 구해 보세요.

1. 남은 애벌레의 수를 구하는 식을 계산하는 과정입니다. 빈칸에 알맞은 수를 쓰세요.

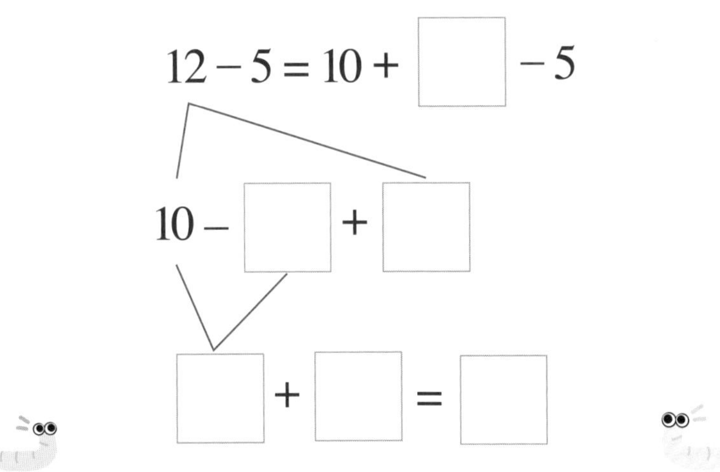

2. 12 − 5를 계산하는 방법입니다. 빈칸에 알맞은 수를 쓰세요.

앞의 수 12를 10과 (　　)로 가르고
10에서 (　　)를 빼면 (　　)가 남고,
여기에 남은 수 (　　)를 더하면 (　　)이 됩니다.

3. 까치가 나무 구멍 속에 숨기고 남은 애벌레는 몇 마리입니까?

(　　) 마리

실력 튼튼 문제

1 셈을 한 후 결과가 같은 것끼리 줄로 연결해 보세요.

$14-8$ •	• $10-3+2$ •	• 9
$12-3$ •	• $10-5+3$ •	• 6
$13-5$ •	• $10-8+4$ •	• 7
$16-9$ •	• $10-9+6$ •	• 8

2 멍이와 냥이의 막대 길이가 서로 같을 때, 노란색 막대의 길이를 써 보세요.

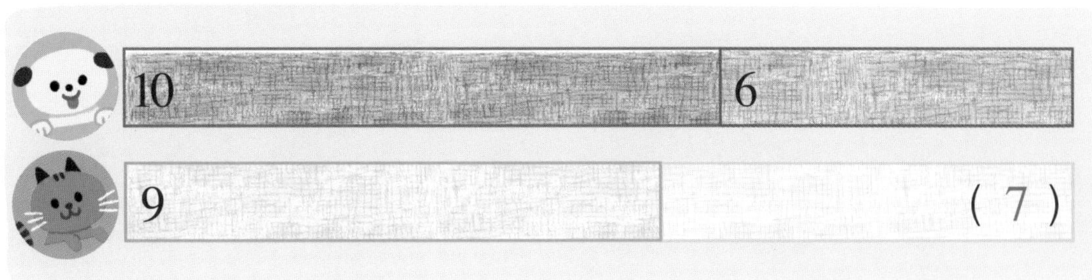

①

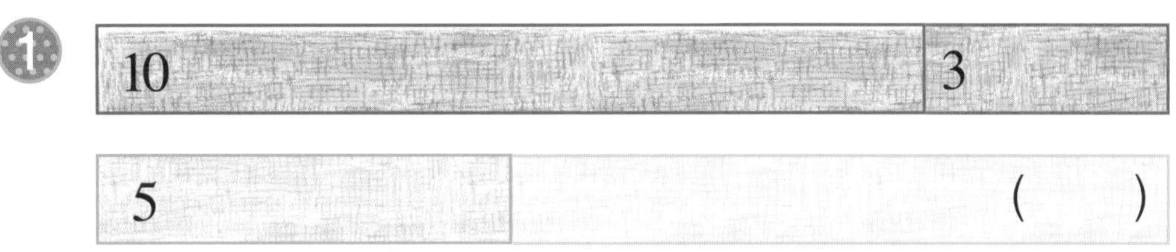

②

10 | 7

8 | (   )

③

10 | 5

9 | (   )

3 과일의 수를 비교하는 식을 만들고 어떤 과일이 더 많은지 써 보세요.

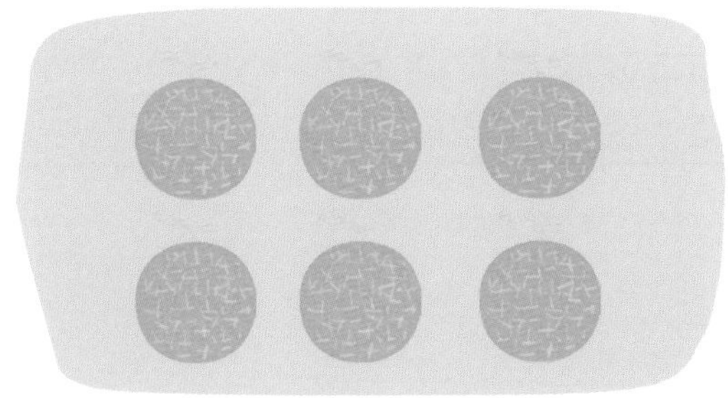

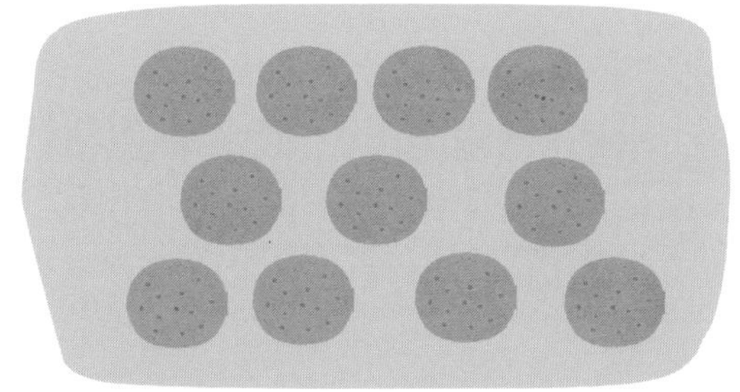

식 : ______ 더 많은 과일 : ______

②

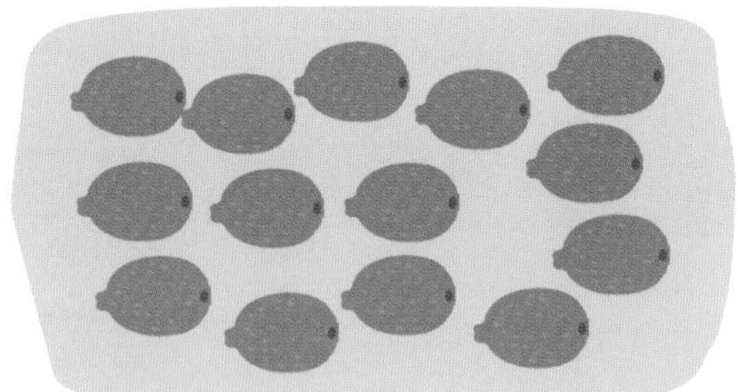

식 : ______ 더 많은 과일 : ______

③

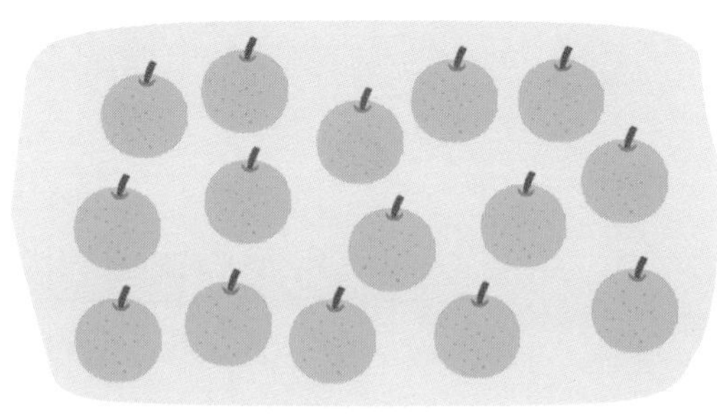

식 : ______ 더 많은 과일 : ______

4 4장의 수 카드를 한 번씩만 사용해서 뺄셈식 2개를 만들어 보세요.

6	1	9	5

15 − 6 = 9, 15 − 9 = 6

❶

5	1	7	2

□□ − □ = □

□□ − □ = □

❷

4	5	1	9

□□ − □ = □

□□ − □ = □

참새네 재판소

“참새야, 참새야. 내가 어리석어 판결을 잘못했다.”
까치는 참새에게 넙죽 엎드리며 말했어.
참새는 거만하던 까치가 왜 이러나 싶어 어리둥절했지.
까치는 참새에게 숲 속의 재판관 자리를 내어 주겠다고 했어.
그러니 더 이상 먹을 것을 뺏어 먹지 말아달라고 사정했지.
“그래, 좋아.”
때마침 제비 마을의 어미 제비와 구렁이가 참새를 찾아왔어.

"참새님, 저희 제비마을에 알이 16개가 있었는데,
어미들이 잠깐 먹이를 구하고 돌아왔더니
7개밖에 남지 않았습니다.
그런데 둥지 옆에 이 구렁이가 입을 떡 벌리고 있지 뭡니까.
대체 이 구렁이가 먹은 알이 몇 개입니까?"
제비가 억울해 하며 물었어.
"그, 그건……."
참새는 우물쭈물하기만 했지.
그 모습을 본 까치는 깔깔깔 배를 잡고 웃었어.
참새가 쩔쩔매는 모습을 보니 고소했던 거야.

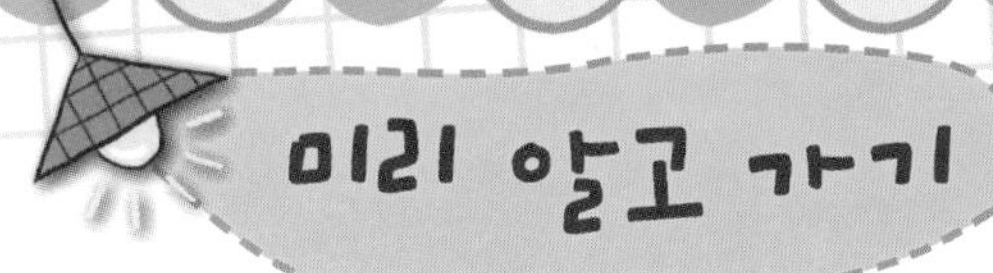

이런 것들을 배워요

- 뺄셈 상황에서 □(어떤 수)가 있는 뺄셈식을 만들고, (십 몇) − (몇) = (몇)의 계산을 할 수 있어요.

함께 알아봐요

사과 13개 중에서 토끼가 몇 개를 먹고 나니 8개가 남았어요. 토끼가 먹은 사과의 수를 구하는 방법은 다음과 같아요.

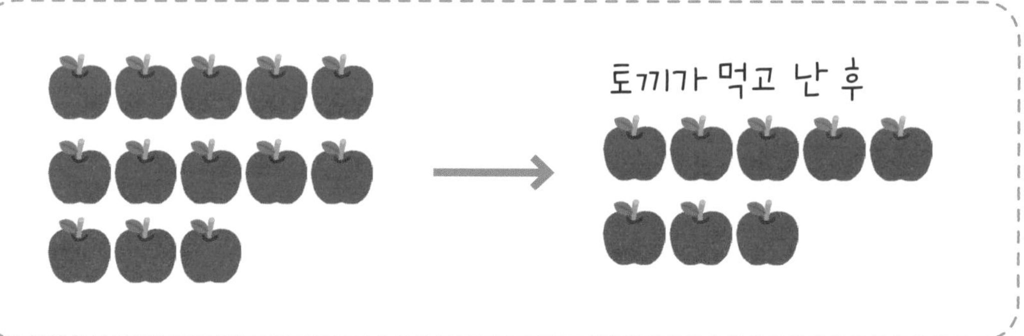

토끼가 먹은 사과의 수를 □(어떤 수)라고 하면,

13 − □(어떤 수) = 8과 같은 뺄셈식을 만들 수 있어요.

이때, 13 − □ = 8은 13 − 8 = □와 같아서 □ = 5(개)예요.

원리를 적용해요

빈칸에 알맞은 수를 써 보세요.

① 15 − □ = 7　　② 11 − □ = 5

이야기 속 문제 해결

제비 알 16개 중 구렁이가 몇 개를 훔쳐 먹어서 7개 밖에 남지 않았어요. 구렁이가 먹은 제비 알의 수를 구해 보세요.

1 빈칸에 구렁이가 먹은 제비 알의 수를 구하는 식을 쓰세요.

제비 알 16개 중에서 몇 개를 먹고 7개가 남았어요.
먹은 제비 알의 수를 □라고 하면, [   ]과
같은 뺄셈식을 만들 수 있어요.

2 위의 식을 계산하는 과정에서 잘못된 곳을 찾아 고쳐 보세요.

$16 - \square = 7$

$16 + 7 = \square$

$\square = 23$

3 구렁이가 먹은 제비 알은 모두 몇 개인가요?

(   )개

실력 튼튼 문제

1 뺄셈식에 알맞은 문제를 골라 ○표 해 보세요.

①

$14 - \square = 5$

전깃줄에 참새 14마리가 앉아 있는데, □마리가 날아 갔더니 5마리가 남았어요.	감나무에 감 14개가 달려 있는데, 5개를 따 먹었더니 □개가 남았어요.
(　　　)	(　　　)

②

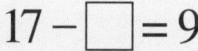

$17 - \square = 9$

연필 17자루 중에서 9자루를 잃어 버리고 □개가 남았어요.	갖고 있던 공깃돌 17개에서 친구에게 □개를 주었더니 9개가 남았어요.
(　　　)	(　　　)

2 □를 구하고 □가 가장 큰 수의 글자부터 차례대로 □에 써 보세요.

글자	식
꼬	15 − □ = 8
학	11 − □ = 7
자	12 − □ = 9
나	14 − □ = 5
수	13 − □ = 8
마	15 − □ = 9
는	14 − □ = 6

→   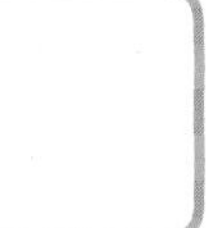  

3 운동복에 적힌 숫자의 합이 깃발에 적힌 수가 되도록 두 명씩 짝을 지었어요. 운동복에 알맞은 수를 써 보세요.

①

②

4 □ 안에 알맞은 수를 써 보세요.

$$\begin{array}{r} 1\ 3 \\ -\quad \square \\ \hline 9 \end{array}$$

②

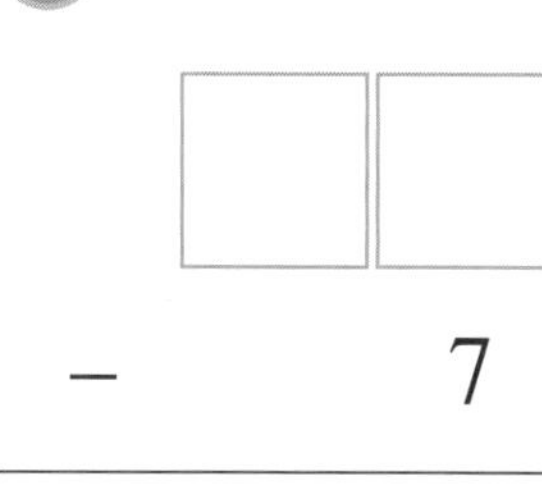

$$\begin{array}{r} \square\ \square \\ -\quad 7 \\ \hline 5 \end{array}$$

③

$$\begin{array}{r} \square\ 6 \\ -\quad \square \\ \hline 8 \end{array}$$

④

$$\begin{array}{r} 1\ \square \\ -\quad 4 \\ \hline \square\ 0 \end{array}$$

⑤

$$\begin{array}{r} 1\ \square \\ -\quad 9 \\ \hline 6 \end{array}$$

⑥

$$\begin{array}{r} \square\ 1 \\ -\quad 8 \\ \hline 3 \end{array}$$

아이고, 분하다 분해!

이튿날, 까치는 참새를
골려 주려고
아주 복잡한
뺄셈표를 만들어서 찾아갔어.
"참새야, 너는 나보다 지혜로우니
이 표를 완성할 수 있겠지?"
까치는 참새를 놀리듯 물었어.

참새는 복잡한 뺄셈표를 보고 눈만 깜빡거렸어.
결국 참새는 까치에게 재판관 자리를
다시 내어 주고 말았어.
하지만 어찌나 분하고 서러웠는지
참새는 한 걸음, 한 걸음 걸을 때마다
쫑쫑쫑 폴짝폴짝 걸었지.
참, 파리는 아직도 앞발을
싹싹 비벼대며 다닌다지.
까치는 참새만 보면 나무 구멍을 쪼아서
애벌레를 숨기기 바쁘고 말이야.

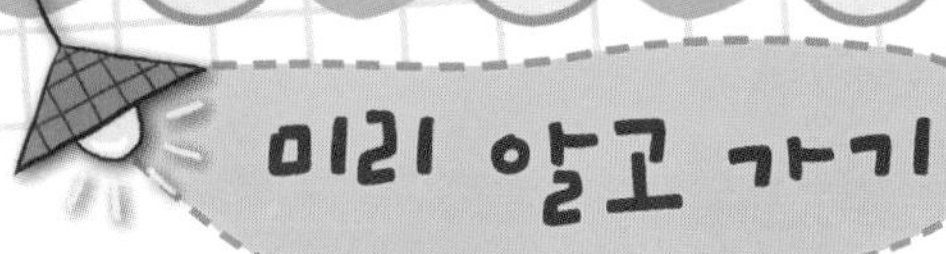

이런 것들을 배워요

• 뺄셈구구표를 완성하고 규칙을 찾을 수 있어요.

함께 알아봐요

가로줄에 있는 수에서 세로줄에 있는 수를 빼서 나온 수를 표로 나타내요.

−	0	1	2	3	4	5	6	7	8	9
0	0	1	2	3	4	5	6	7	8	9
1		0	1	2	3	4	5	6	7	8
2			0	1	2	3	4	5	6	7
3				0	1	2	3	4	5	6
4					0	1	2	3	4	5
5						0	1	2	3	4
6							0	1	2	3
7								0	1	2
8									0	1
9										0

가로줄에 있는 5에서 세로줄에 있는 4를 빼면 1이 나와요.

원리를 적용해요

뺄셈표를 완성해 보세요.

1

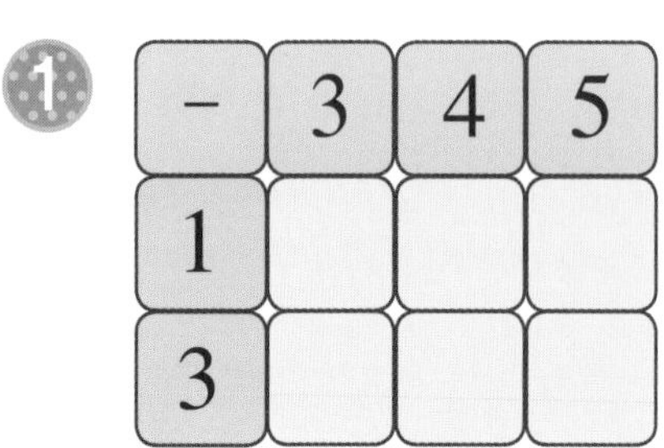

−	3	4	5
1			
3			

2

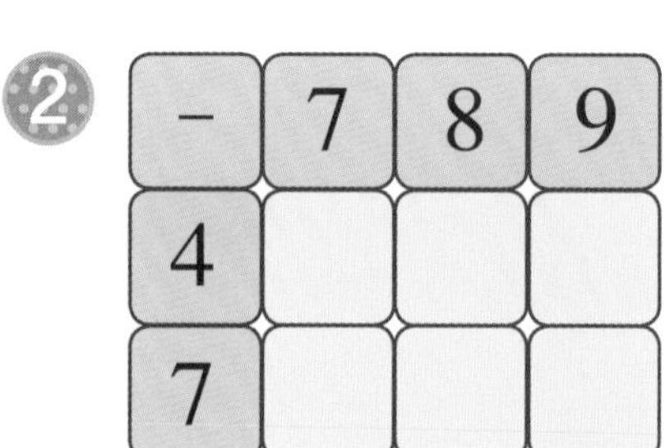

−	7	8	9
4			
7			

이야기 속 문제 해결

까치가 가지고 온 뺄셈표를 보고 번호에 해당하는 식을 쓰고 답을 구해 보세요.

−	10	11	12	13	14	14	16	17	18	19
0										
1	9									
2	8	9								
3	7	8	9							
4	6	7	8	9						
5	5	6	7	8	②					
6	4	①	6	7	8	9				
7	3	4	5	6	7	8	9			
8	2	3	③	5	6	7	8	9		
9	1	2	3	4	5	6	7	④	9	

①

②

③

④

실력 튼튼 문제

1 빈칸에 알맞은 수를 넣어 뺄셈표를 완성해 보세요.

①

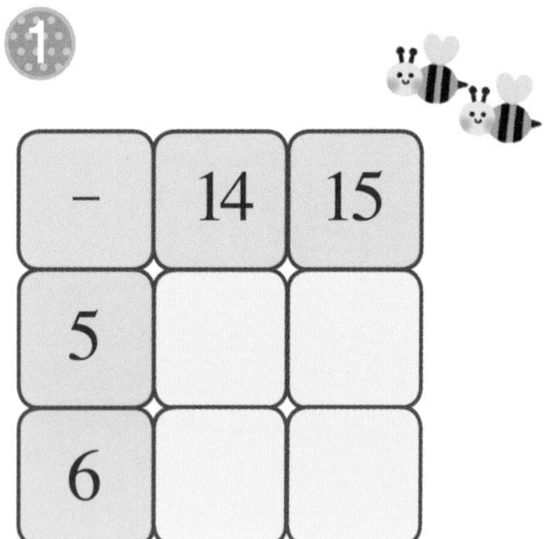

−	14	15
5		
6		

②

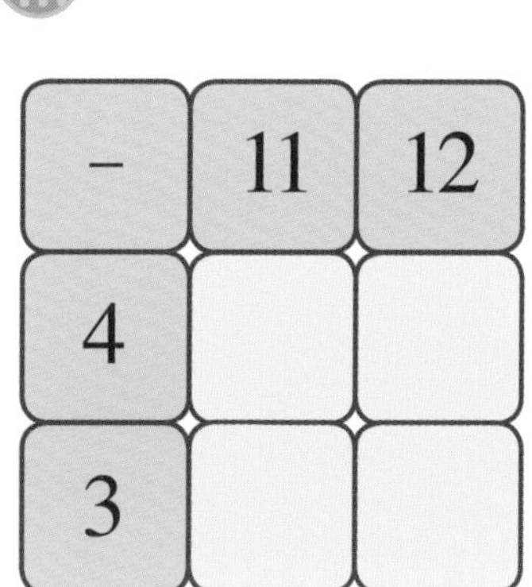

−	11	12
4		
3		

③

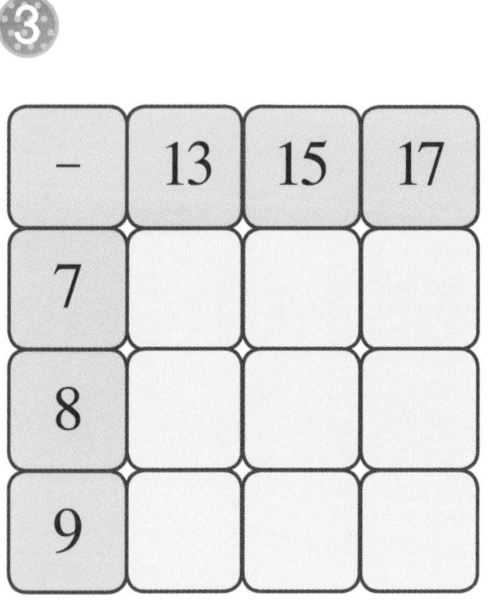

−	13	15	17
7			
8			
9			

④

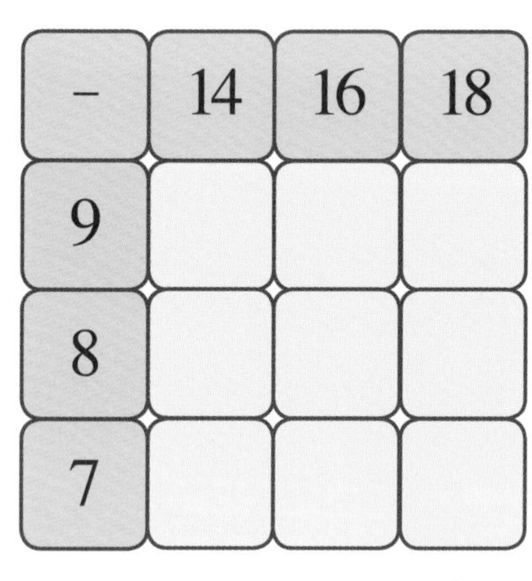

−	14	16	18
9			
8			
7			

2 뺄셈표의 여러 가지 규칙을 찾아 알맞은 말에 ○표 해 보세요.

−	0	1	2	3	4	5	6	7	8	9
0	0	1	2	3	4	5	6	7	8	9
1		0	1	2	3	4	5	6	7	8
2			0	1	2	3	4	5	6	7
3				0	1	2	3	4	5	6
4					0	1	2	3	4	5
5						0	1	2	3	4
6							0	1	2	3
7								0	1	2
8									0	1
9										0

1. 가로줄에 있는 수는 오른쪽으로 갈수록 1씩 (커져요, 작아져요).

2. 세로줄에 있는 수는 아래쪽으로 갈수록 1씩 (커져요, 작아져요).

3. 빨간색 네모 안에 있는 수는 대각선 방향에 있는 수끼리의 합이 서로 (같아요, 달라요).

4. 파란색 동그라미 안에 있는 수는 0부터 (1씩, 2씩) 뛰어세기 한 수예요.

3 새로운 뺄셈표를 만들려고 합니다. 물음에 답해 보세요.

−	4	6	8	10	12	14	16	18
3	1		5	7		11	13	15
4	0	2	4	6	8	10		
5		1	3		7		11	13
6		0		4	6	8	10	
7			1	3		7		11
8			0	2	4		8	10
9				1		5	7	

1 연두색 빈칸에 알맞은 수를 넣어 뺄셈표를 완성하세요.

2 뺄셈표에서 9가 있는 칸을 모두 찾아 ○표 하고, 9가 되는 뺄셈식을 모두 찾아 쓰세요.

4 빈칸에 알맞은 수를 넣어 뺄셈표를 완성해 보세요.

①

−	11	15	12
	7		
	2		
	4		

②

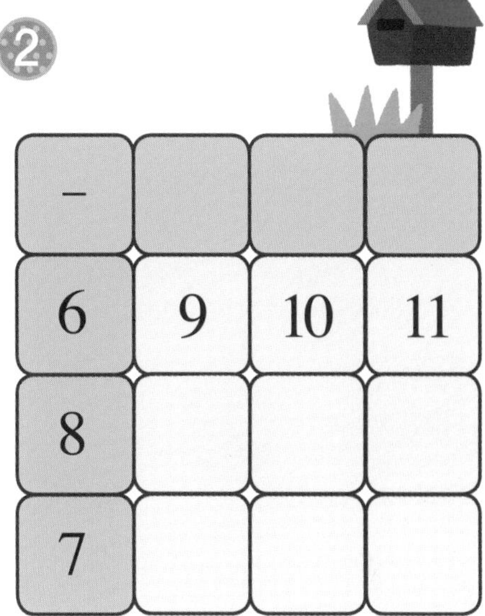

−			
6	9	10	11
8			
7			

③

−	11		15
7		6	8
6			
	2		

④

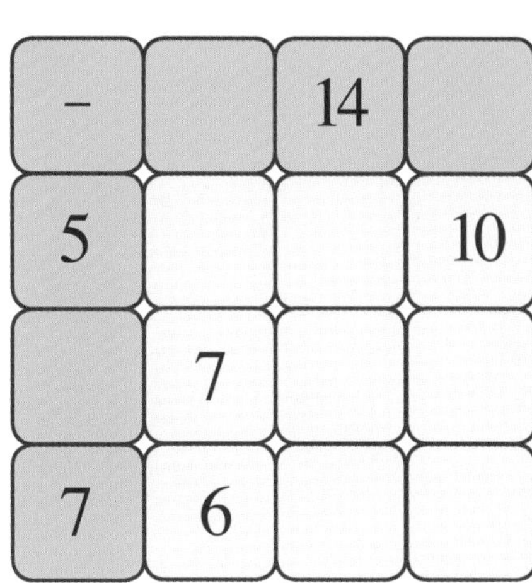

−		14	
5			10
	7		
7	6		

창의력 쑥쑥 문제

1 숫자 구슬 6개가 있어요. 두 수의 차가 같도록 구슬을 2개씩 짝지어 보세요.

2 민서네 가족의 나이와 관련된 질문을 읽고 물음에 답해 보세요.

① 민서는 3살 아래인 여동생이 있어요. 민서가 12살이라면 동생은 몇 살일까요?

( ) 살

② 민서의 오빠는 13살이에요. 6년 전 민서의 오빠는 몇 살이었을까요?

( ) 살

③ 몇 년 전 민서의 오빠는 11살, 민서의 동생은 7살이었어요. 오빠와 동생은 몇 살 차이가 날까요?

( ) 살

3 수 카드 2장으로 만들 수 있는 가장 작은 두 자리 수와 수 카드 1장으로 만들 수 있는 가장 큰 한 자리 수의 차를 구해 보세요.

4	8	1	6

가장 작은 두 자리 수 : 14

가장 큰 한 자리 수 : 8

두 수의 차 : 14－8=6

❶

2	1	4	9

가장 작은 두 자리 수 : ______

가장 큰 한 자리 수 : ______

두 수의 차 : ______

❷

5	3	7	1

가장 작은 두 자리 수 : ______

가장 큰 한 자리 수 : ______

두 수의 차 : ______

4 다음은 규서와 지원이가 일주일 동안 줄넘기를 한 시간을 나타낸 표예요. 물음에 답해 보세요.

	월	화	수	목	금	토	일
규서	6분	11분	7분	5분	9분	14분	8분
지원	13분	9분	7분	12분	15분	8분	14분

① 규서는 월요일보다 화요일에 몇 분 더 줄넘기를 했나요?

( )분

② 지원이는 토요일보다 일요일에 몇 분 더 줄넘기를 했나요?

( )분

③ 목요일에는 규서와 지원이 중에서 누가 몇 분 더 많이 줄넘기를 했나요?

( ), ( )분

④ 일주일 동안 줄넘기를 가장 오래 한 날과 가장 적게 한 날의 차이는 몇 분인가요?

규서: ( )분 지원: ( )분

5 동물 카드가 나타내는 수를 찾아보세요.

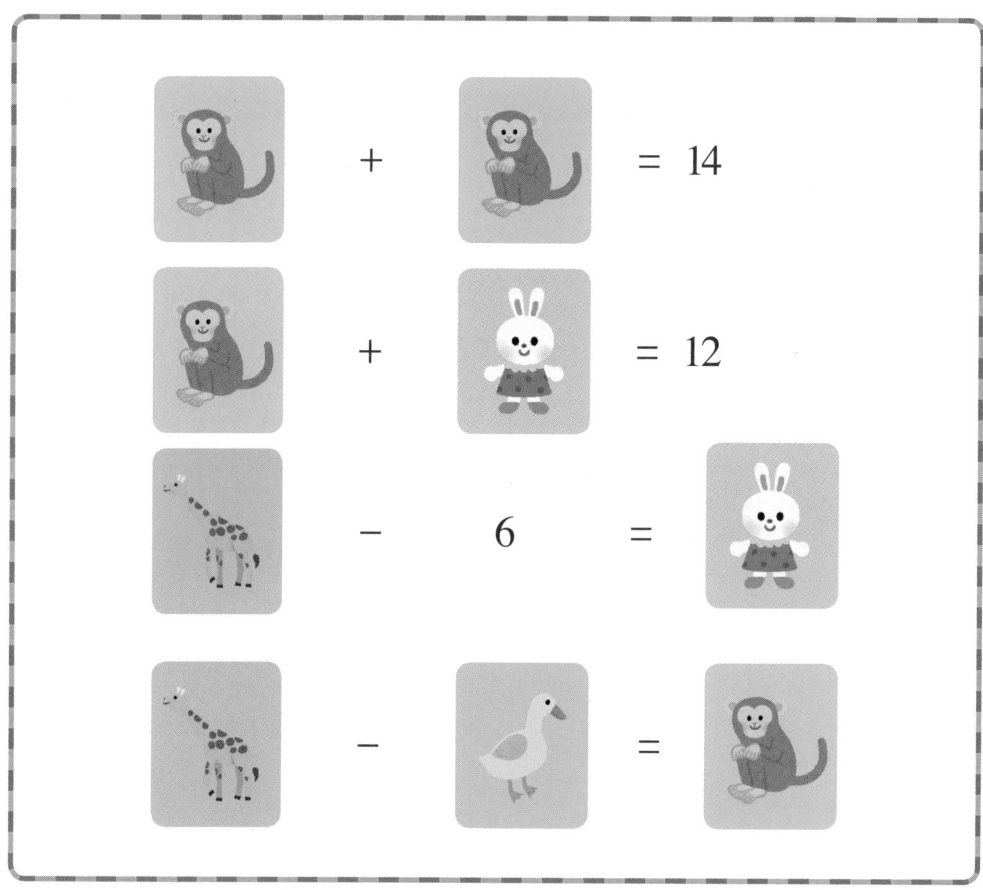

❶ 첫 번째 식을 보고 원숭이가 나타내는 수를 구하세요.

( )

❷ 두 번째 식을 보고 토끼가 나타내는 수를 구하세요.

( )

❸ 세 번째 식을 보고 기린이 나타내는 수를 구하세요.

( )

❹ 네 번째 식을 보고 오리가 나타내는 수를 구하세요.

( )

6 동물 친구들이 각자 갖고 있는 구슬의 개수에 대해 말해요. 물음에 답해 보세요.

난 15개 갖고
있었는데, 하마한테
8개 나눠줬어.

난 5개밖에
없었는데, 기린이
8개를 줬어.

1 구슬을 가장 많이 가진 동물과 가장 적게 가진 동물을 쓰세요.

가장 많이 가진 동물 : ____________________

가장 적게 가진 동물 : ____________________

2 말이 가진 구슬의 수와 타조가 가진 구슬 수의 차를 구하세요.

( ) 개

종이 부록

도미노

35쪽 사용

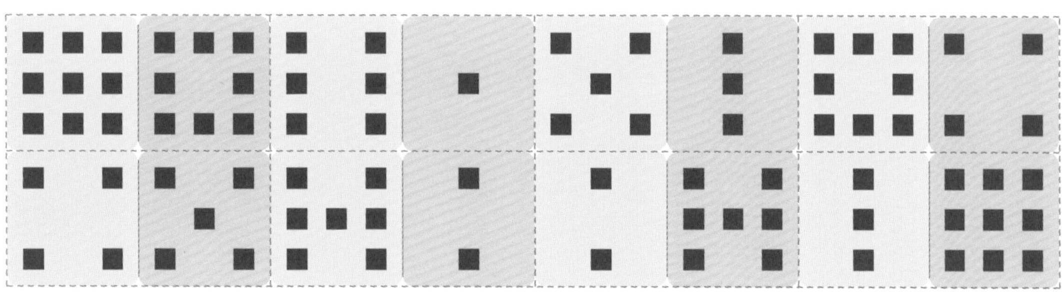

글자 카드

65쪽 사용

가위질은 집중력과 인내심을 길러 줍니다. 스스로 모양을 예쁘게 잘라 보세요!

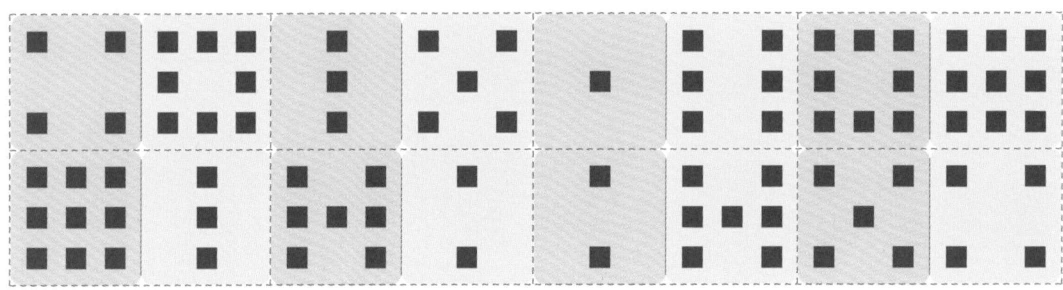

9 피
8 이
7 양
6 고
5 하
4 는
3 은
2 정
1 다
18 것
17 은
16 모
15 몸
14 관
13 주
12 트
11 를
10 에

정답과 풀이

일러두기

풀이
문제에 대한 친절한 설명과 문제를 푸는 전략 및 포인트를 알려 줍니다. 또한 여러 가지 답이 있는 경우 예시 답을 밝혀 줍니다.

생각 열기
우리 주변의 생활 속에서 함께 생각해 볼 수 있는 상황들을 알려 주고, 문제의 의도나 수학적 사고력을 기를 수 있는 방법을 소개해 줍니다.

틀리기 쉬워요
문제 풀이 과정에서 어려워하거나 혼동하기 쉬운 부분을 짚어 줍니다.

참고
문제를 풀면서 더 알아 두면 도움이 될 만한 참고 내용을 알려 줍니다.

12~13쪽

미리 알고 가기

이런 것들을 배워요
- 모형을 사용하여 10개를 두 묶음으로 가를 수 있어요.
- 10을 두 수로 가를 수 있어요.

함께 알아봐요

구슬 10개를 여러 가지 방법으로 가를 수 있습니다.

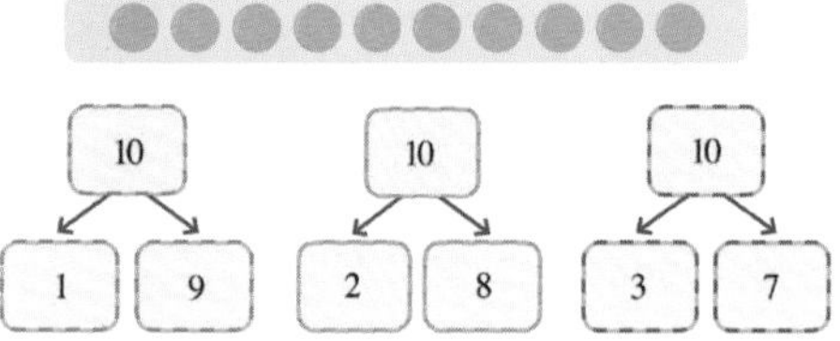

원리를 적용해요

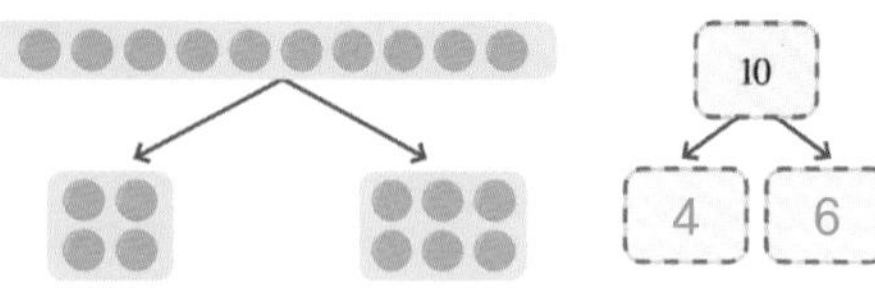

10 → 4, 6

이야기 속 문제 해결

남자 아이와 여자 아이가 각각 10개의 고리를 던졌어요. 누가 이겼는지 알아보세요.

① 남자 아이가 던진 고리 중 기둥에 넣은 고리와 넣지 못한 고리가 몇 개인지 쓰세요.

10	
기둥에 넣은 고리	넣지 못한 고리
6	4

② 여자 아이가 던진 고리 중 기둥에 넣은 고리와 넣지 못한 고리가 몇 개인지 쓰세요.

10	
기둥에 넣은 고리	넣지 못한 고리
5	5

③ 남자 아이와 여자 아이 중 고리 던지기에서 누가 이겼나요?

(남자 아이)

14~15쪽

실력 튼튼 문제

1 머핀 붙임 딱지 10개를 두 곳에 자유롭게 나누어 붙여 보세요.

①

②

※ 머핀 10개를 여러 가지 방법으로 붙일 수 있습니다.

2 원숭이 두 마리가 10개의 바나나를 나누어 먹어요. 두 원숭이가 먹을 바나나의 수를 써 보세요.

①

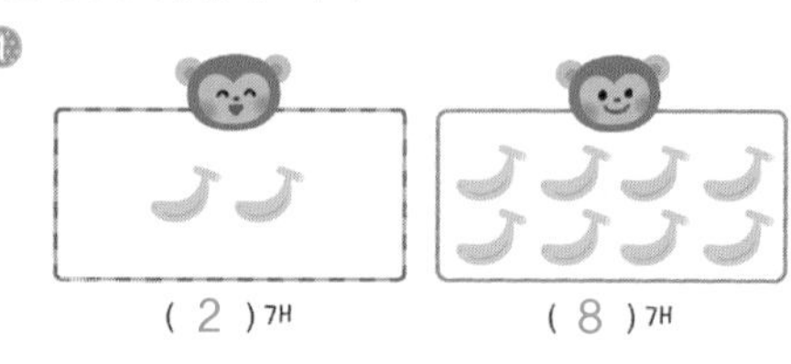

(2)개 (8)개

②

(7)개 (3)개

③

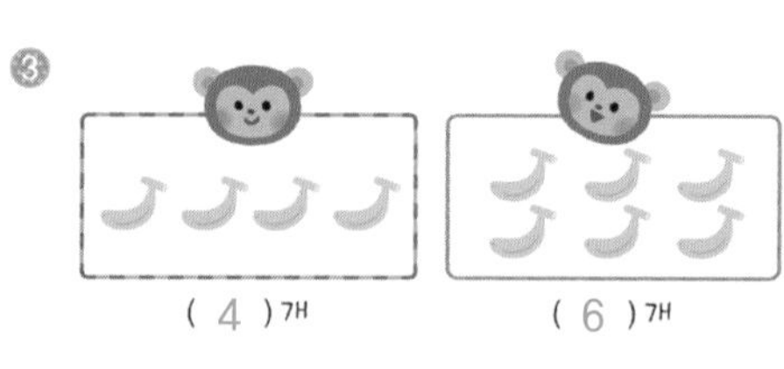

(4)개 (6)개

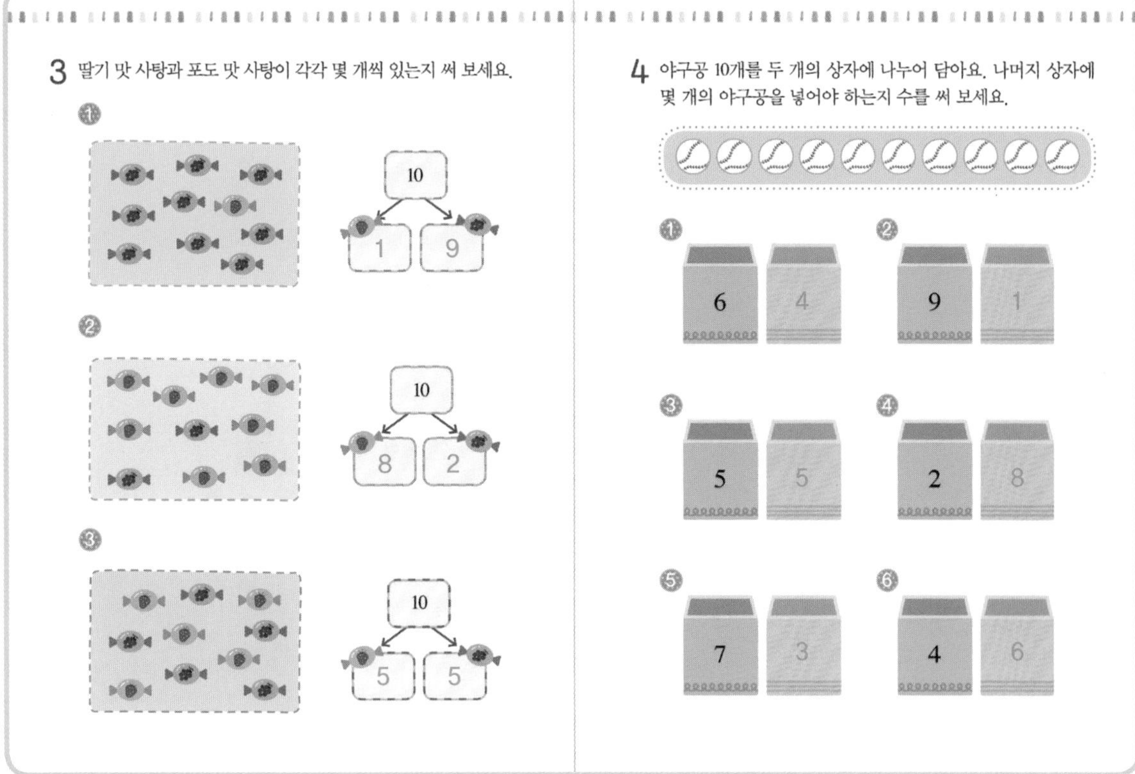

3 딸기 맛 사탕과 포도 맛 사탕이 각각 몇 개씩 있는지 써 보세요.
4 야구공 10개를 두 개의 상자에 나누어 담아요. 나머지 상자에 몇 개의 야구공을 넣어야 하는지 수를 써 보세요.

3

10은 (1과 9), (2와 8), (3과 7), (4와 6), (5와 5)로 가를 수 있음을 다양한 활동을 통해 자연스럽게 알 수 있도록 합니다.

4

숫자를 보고 10을 두 수로 가르는 연습을 합니다. 아이가 숫자만 보고 10을 두 수로 가르기 어려워하는 경우에는 야구공 그림을 이용하여 상자에 써야 할 숫자를 생각해 봅니다.

20~21쪽

미리 알고 가기

이런 것들을 배워요

- 모형을 사용하여 10이 되도록 모을 수 있어요.
- 10이 되도록 두 수를 모을 수 있어요.
- 10이 되도록 두 수를 더할 수 있어요.

함께 알아봐요

10이 되도록 두 가지 색의 구슬을 여러 가지 방법으로 모을 수 있어요.

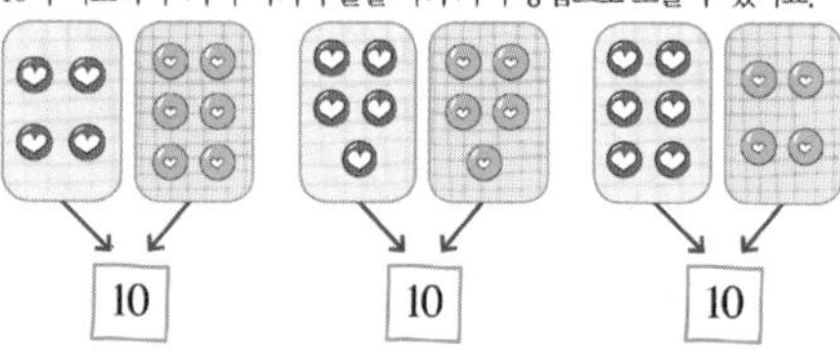

원리를 적용해요

구슬이 몇 개씩 있는지 빈칸에 알맞은 수를 써 보세요.

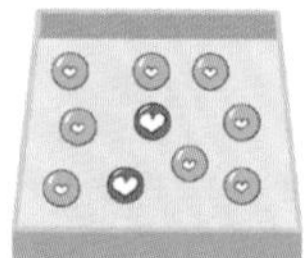

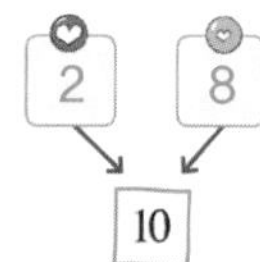

이야기 속 문제 해결

참새랑 파리가 개미를 각각 몇 마리씩 잡았는지 알아보세요.

①

②

22~23쪽

실력 튼튼 문제

1 동그라미 접시와 네모 접시에 있는 초콜릿의 수를 모아서 10이 되도록 줄을 이어 보세요.

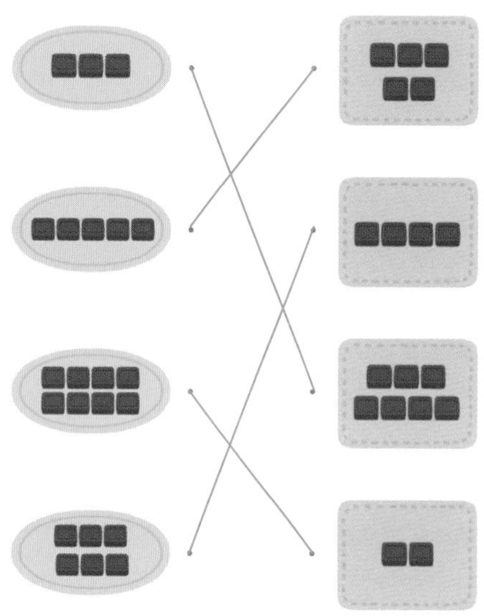

2 사탕 10개를 두 손에 나누어요. 다른 한 손에는 사탕이 몇 개 있어야 하는지 ◯를 그리고 덧셈식도 완성해 보세요.

①

②

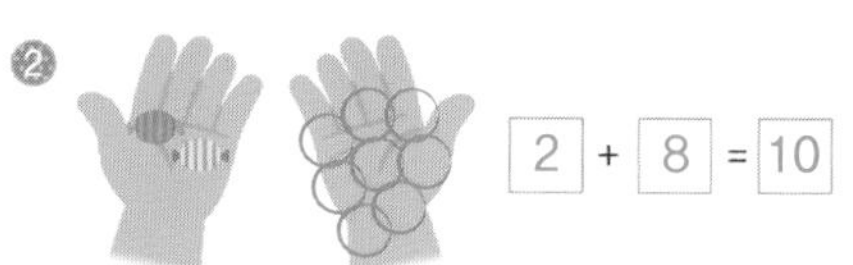

③

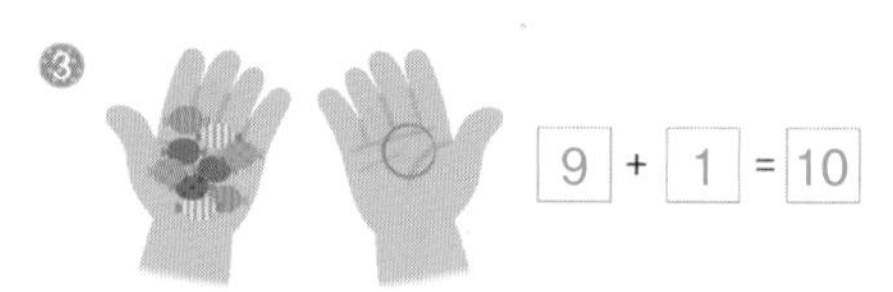

3 두 친구의 봉투에 있는 군밤을 모두 모으면 10개가 돼요. 빈칸에 알맞은 수를 써 보세요.

①

하나, 둘, 셋, 넷, 다섯
□개를 더 넣으면 되는구나.

②

나는 1개만 넣어야지.
그럼 나는 □개를 넣어야지.

1 + 9 = 10

4 양말에 쓰인 두 수를 모아 10이 되도록 다른 한 쪽에 수를 써 보세요.

①

②

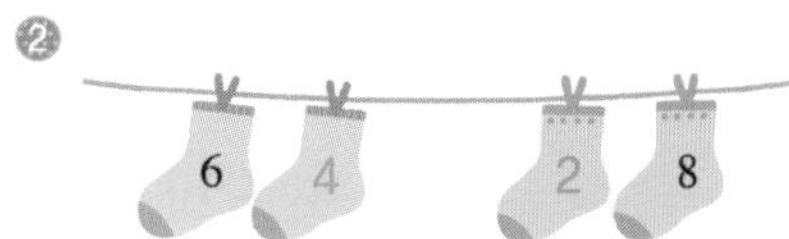

③

미리 알고 가기

✱ 이런 것들을 배워요

- 덜어내기를 통해 10에서 뺄 수 있어요.
- 비교하기를 통해 10에서 뺄 수 있어요.
- 합이 10이 되는 두 수를 이용하여 세 수의 덧셈을 할 수 있어요.

✱ 함께 알아봐요

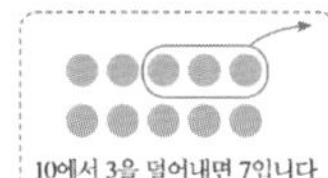

10에서 3을 덜어내면 7입니다.

10과 3을 비교하면 10은 3보다 7만큼 더 많습니다.

그림을 식으로 나타내면 10 − 3 = 7 입니다.

세 수 중 10이 되는 두 수를 먼저 더한 후 세 수의 덧셈을 합니다.

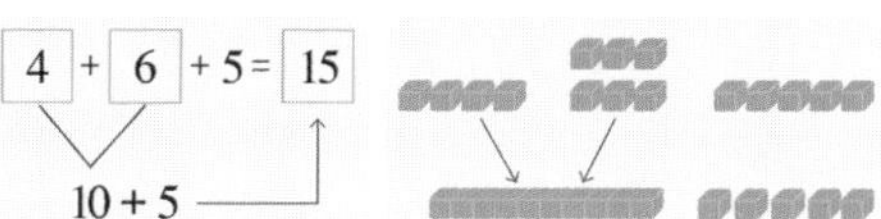

✱ 원리를 적용해요

3 + 7 + 2 = 12

10 + 2

이야기 속 문제 해결

까치가 먹고 남은 개미는 몇 마리인지 알아보세요.

① 까치는 개미 10마리 중 6마리를 먹었어요. 까치가 먹은 개미에 /표 하세요.

② 까치가 먹고 남은 개미의 수를 구하는 식을 쓰세요.

10 − 6 = 4

③ 까치가 먹고 남은 개미는 몇 마리인가요?

(4) 마리

실력 튼튼 문제

1 초록색 바구니에는 노란색 바구니보다 물건이 몇 개 더 많이 있는지 빈칸에 알맞은 수를 써 보세요.

①

10 - 5 = 5

②

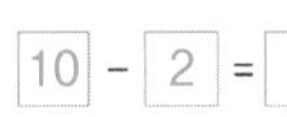
10 - 2 = 8

③
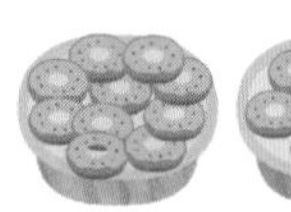
10 - 7 = 3

2 원숭이는 토끼보다 몇 점을 더 받았는지 구해 보세요.

①
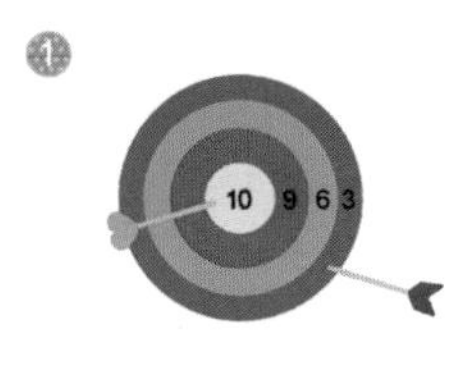

7 점

나는 초록색 화살을 쐈어!

②
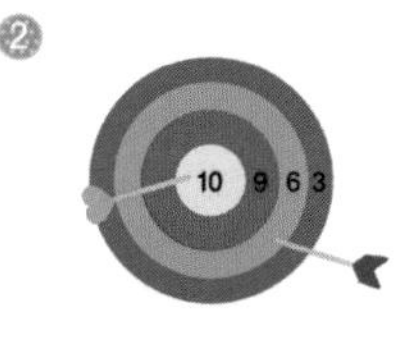

4 점
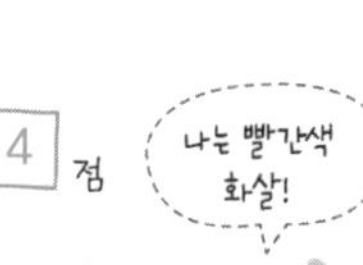

나는 빨간색 화살!

③
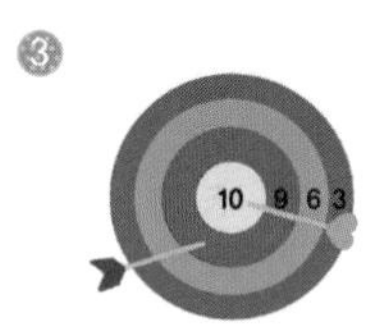

1 점

1

무엇이 무엇보다 얼마나 더 많은지 알아볼 때 뺄셈식을 이용해야 합니다.

2

① 원숭이는 10점을 맞히고 토끼는 3점을 맞혔으므로 두 점수의 차는 7입니다.

② 원숭이는 10점을 맞히고 토끼는 6점을 맞혔으므로 두 점수의 차는 4입니다.

③ 원숭이는 10점을 맞히고 토끼는 9점을 맞혔으므로 두 점수의 차는 1입니다.

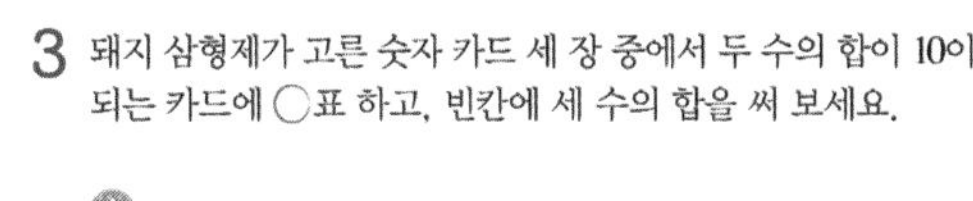

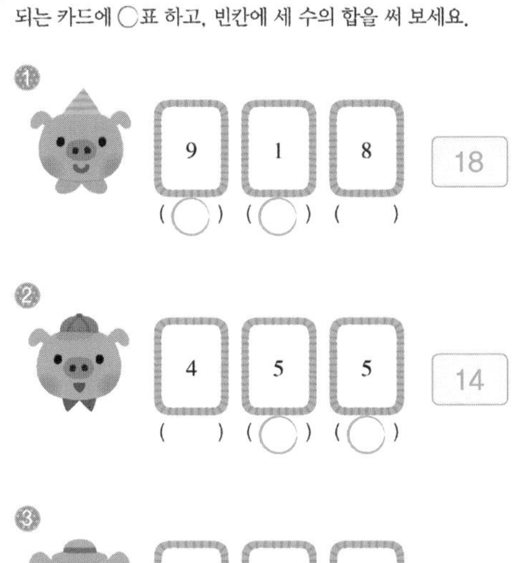

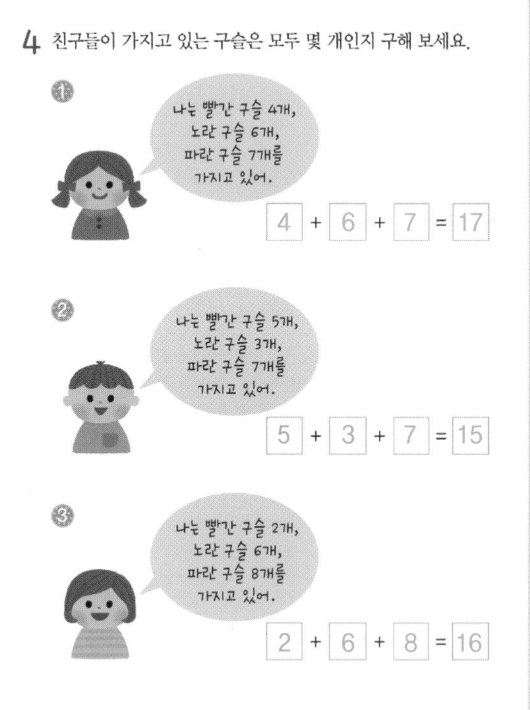

3 돼지 삼형제가 고른 숫자 카드 세 장 중에서 두 수의 합이 10이 되는 카드에 ○표 하고, 빈칸에 세 수의 합을 써 보세요.

① | 9 | 1 | 8 | 18
() () ()

② | 4 | 5 | 5 | 14
() () ()

③ | 7 | 6 | 3 | 16
() () ()

4 친구들이 가지고 있는 구슬은 모두 몇 개인지 구해 보세요.

① 나는 빨간 구슬 4개,
노란 구슬 6개,
파란 구슬 7개를
가지고 있어.
나는 빨간 구슬 5개,
노란 구슬 3개,
파란 구슬 7개를
가지고 있어.
나는 빨간 구슬 2개,
노란 구슬 6개,
파란 구슬 8개를
가지고 있어.

생각 열기

합이 10이 되는 두 수를 이용하여 세 수를 더하는 활동은 나중에 받아올림이 있는 덧셈을 위한 기초가 됩니다.
나중에는 9+4를 (9+1)+3=10+3=13으로 계산하는 과정을 통해 받아올림이 있는 덧셈을 학습하게 됩니다.

3

합이 10이 되는 두 수를 이용하여 세 수의 덧셈을 합니다.

4

상황을 덧셈식으로 표현해 보고, 합이 10이 되는 두 수를 이용하여 세 수의 덧셈을 합니다.

① 4+6=10을 구한 뒤 7을 더하면 보다 쉽게 덧셈 값을 구할 수 있습니다.

② 3+7=10을 구한 뒤 5을 더하면 보다 쉽게 덧셈 값을 구할 수 있습니다.

③ 2+8=10을 구한 뒤 6을 더하면 보다 쉽게 덧셈 값을 구할 수 있습니다.

창의력 쑥쑥 문제

1 계산 결과에 맞게 색을 칠해 보세요.

2 서로 다른 색 도미노끼리 붙여 10이 되도록 도미노 부록 을 붙여 보세요.

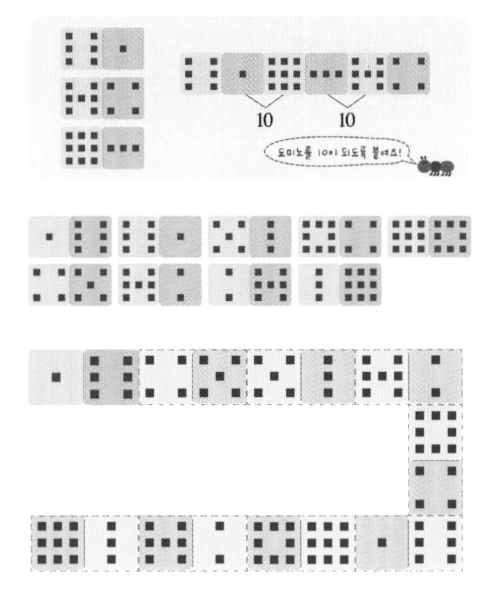

1

구름: 3+7=10, 10−4=6

나무: 9+5+1=15, 5−3+6=8, 10−2=8, 2+8+5=15

풀: 3+2+2=7, 9−5+3=7

풍선: 3+7=10, 2+3+8=13, 8−3+2=7, 2+2+6=10, 2+4+2=8, 5+4+6=15

꽃: 4+4=8, 3+3+7=13

2

서로 다른 색 도미노가 연속되도록 연결합니다. 이때 연결되는 두 개의 도미노 점의 수의 합은 10이 되어야 합니다.

3 세 개의 숫자 공의 합을 ◯ 안에 쓰고 민지의 숫자 공의 합이 현우의 숫자 공의 합보다 얼마나 더 큰지 ☐에 써 보세요.

❶ [민지] 10 (3, 2, 5) [현우] 6 (4, 1, 1) → 4

❷ [민지] 10 (6, 2, 2) [현우] 7 (1, 3, 3) → 3

4 계산 결과가 같은 것끼리 분홍색 카드와 노란색 카드를 줄로 이어 보세요.

분홍색 카드	노란색 카드
10 − 7	12 + 7
10 − 1	15 − 5 − 7
8 + 1 + 2	4 + 5
9 + 5 + 5	1 + 9 + 1

3

❶ 민지의 숫자 공의 합은 3+2+5=10이고, 현우의 숫자 공의 합은 4+1+1=6입니다.
10−6=4이므로 10이 6보다 4만큼 큽니다.

❷ 민지의 숫자 공의 합은 6+2+2=10이고, 현우의 숫자 공의 합은 1+3+3=7입니다.
10−7=3이므로 10이 7보다 3만큼 큽니다.

4

10−7=3, 12+7=19

10−1=9, 15−5−7=3

8+1+2=11, 4+5=9

9+5+5=19, 9+1+1=11

5 □ 안에는 숫자, ○ 안에는 + 또는 −를 써서 식을 완성해 보세요.

① 7 + 2 + 3 = 12　② 6 + 4 + 7 = 17

③ 5 + 5 + 5 = 15　④ 6 + 8 + 2 = 16

⑤ 5 (+) 4 (+) 5 = 14　⑥ 9 (−) 4 (+) 2 = 7

⑦ 8 (−) 2 (+) 3 = 9　⑧ 6 (+) 3 (−) 2 = 7

6 과일은 1부터 9까지의 수를 나타내요. 식을 보고 각각의 과일이 나타내는 수를 구해 보세요.

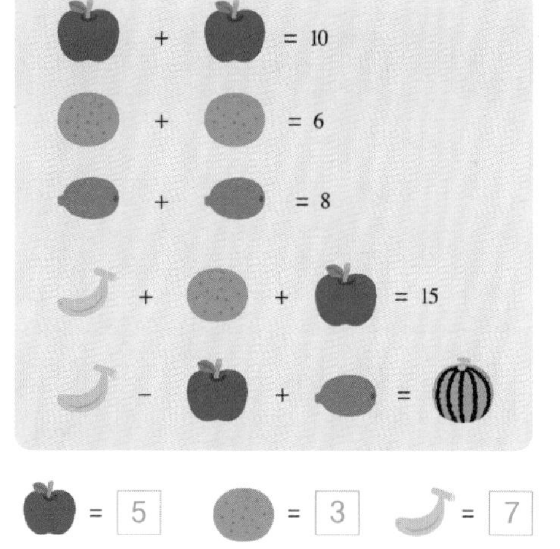

(사과) = 5　(귤) = 3　(바나나) = 7

(키위) = 4　(수박) = 6

5

세 수의 덧셈 결과를 보고 □ 안의 수를 찾을 수 있습니다.

○ 안에 +, −를 넣어 계산한 결과가 주어진 결과와 맞는지 확인합니다. 이런 과정을 통하여 어떤 연산 기호를 넣는지에 따라 다양한 계산 결과가 나오는 것을 알 수 있습니다.

6

같은 과일 2개를 더한 결과를 통해 과일이 어떤 수를 나타내는지 쉽게 알 수 있습니다.
5+5=10이므로 사과는 5,
3+3=6이므로 귤은 3,
4+4=8이므로 키위는 4입니다.
(바나나)+3+5=15이므로 바나나는 7이고
7−5+4=6이므로 수박은 6입니다.

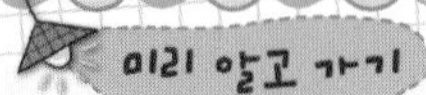

★ 이런 것들을 배워요

• 뒤의 수를 갈라서 (몇) + (몇) = (십 몇)의 계산을 할 수 있어요.

• 앞의 수를 갈라서 (몇) + (몇) = (십 몇)의 계산을 할 수 있어요.

★ 함께 알아봐요

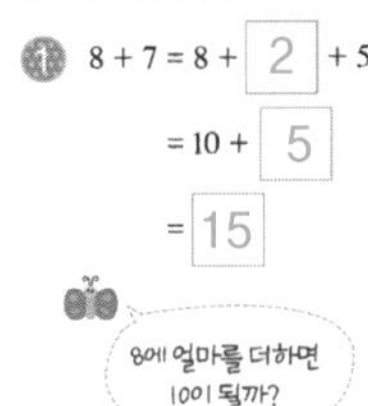

9 + 7

9 + 1 + 6

10 + 6 = 16

9 + 7에서 7을 1과 6으로 가른 후에 9와 1을 더해서 10을 만듭니다.

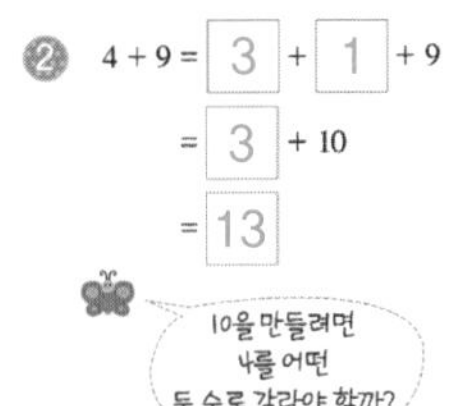

3 + 8

1 + 2 + 8

1 + 10 = 11

3 + 8에서 3을 1과 2로 가른 후에 2와 8을 더해서 10을 만듭니다.

★ 원리를 적용해요

① 8 + 7 = 8 + 2 + 5

= 10 + 5

= 15

8에 얼마를 더하면 10이 될까?

② 4 + 9 = 3 + 1 + 9

= 3 + 10

= 13

10을 만들려면 4를 어떤 두 수로 갈라야 할까?

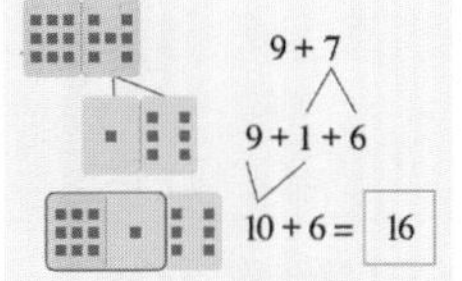

파리는 개미 8마리를, 참새는 개미 6마리를 내놓았습니다. 개미는 모두 몇 마리인지 2가지 방법으로 구해 보세요.

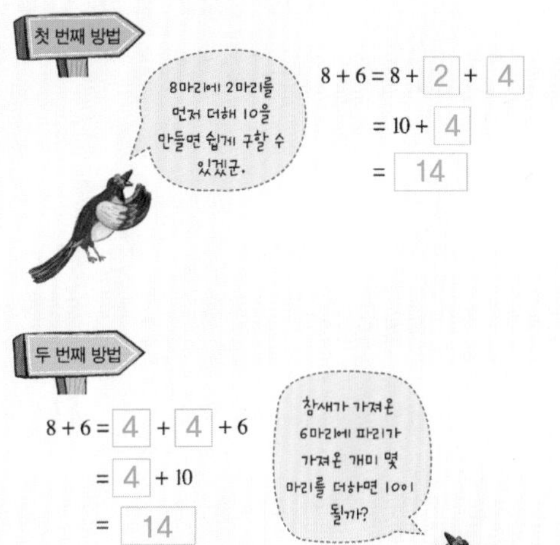

첫 번째 방법
8마리에 2마리를 먼저 더해 10을 만들면 쉽게 구할 수 있겠군.

8 + 6 = 8 + 2 + 4

= 10 + 4

= 14

8 + 6 = 4 + 4 + 6

= 4 + 10

= 14

참새가 가져온 6마리에 파리가 가져온 개미 몇 마리를 더하면 10이 될까?

실력 튼튼 문제

1 그림을 보고 □ 안에 알맞은 수를 써 보세요.

①

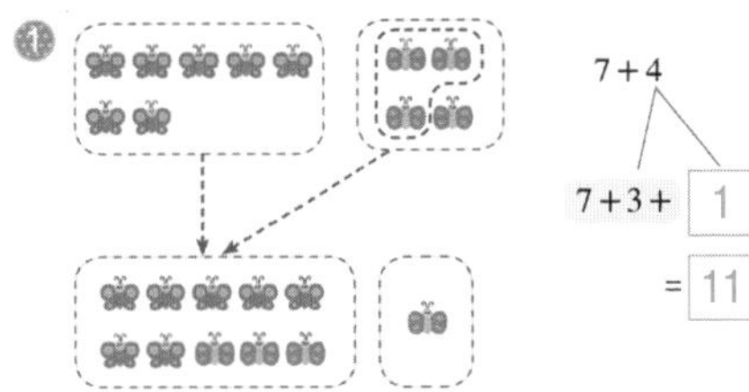

7 + 4

7 + 3 + 1

= 11

②

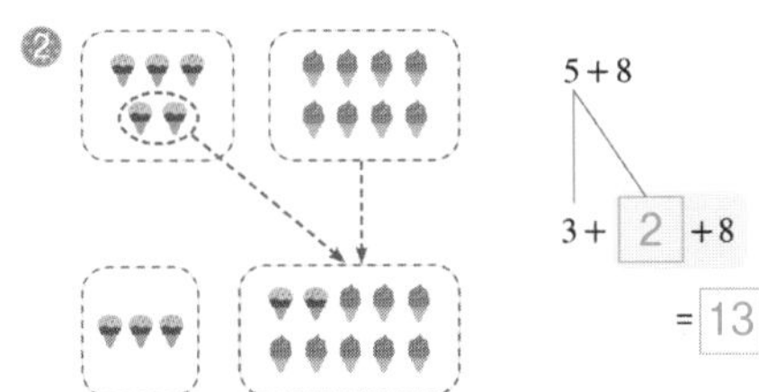

5 + 8

3 + 2 + 8

= 13

2 □ 안에 알맞은 수를 써 보세요.

① 7 + 6 = 7 + 3 + 3

= 10 + 3

= 13

② 5 + 9 = 4 + 1 + 9

= 4 + 10

= 14

3 계산 결과가 같은 것끼리 줄로 이어 보세요.

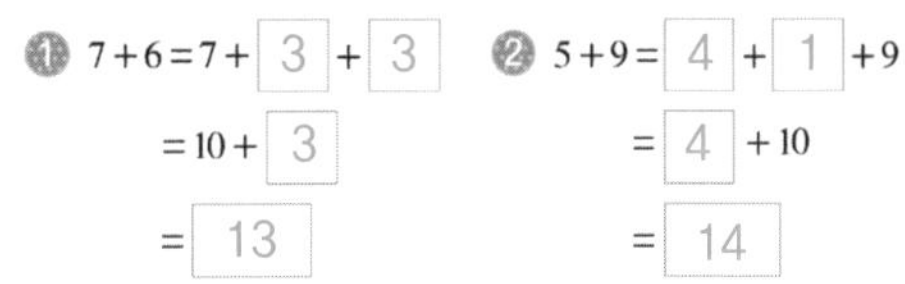

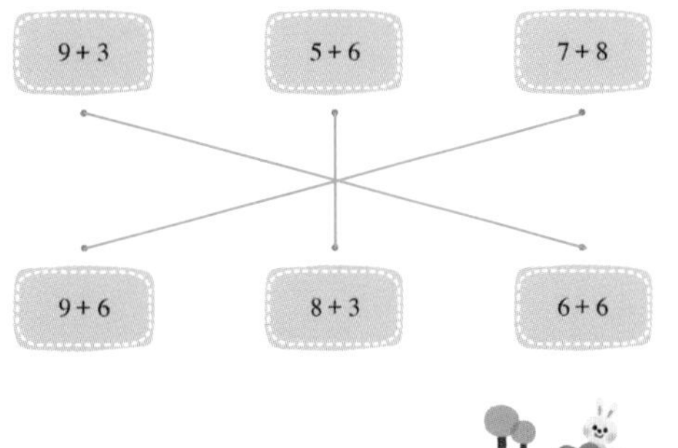

4 숫자 카드를 보고 다음 물음에 답해 보세요.

4 8 6 5 3 7

① 두 수의 합이 10이 되는 숫자 카드를 골라 빈 숫자 카드에 알맞은 수를 쓰세요.

4 + 6 = 10 3 + 7 = 10

② 두 수의 합이 가장 큰 경우와 두 번째로 큰 경우의 덧셈식을 각각 완성하세요.

가장 큰 경우 8 + 7 = 15

두 번째로 큰 경우 8 + 6 = 14

③ 두 수의 합이 13이 되는 경우를 모두 찾아 빈 숫자 카드에 알맞은 수를 쓰세요.

6 + 7 = 13 8 + 5 = 13

5 두 수의 합이 가장 작은 수부터 차례로 줄을 이어 그림을 그리고 그림의 제목을 지어 보세요.

①

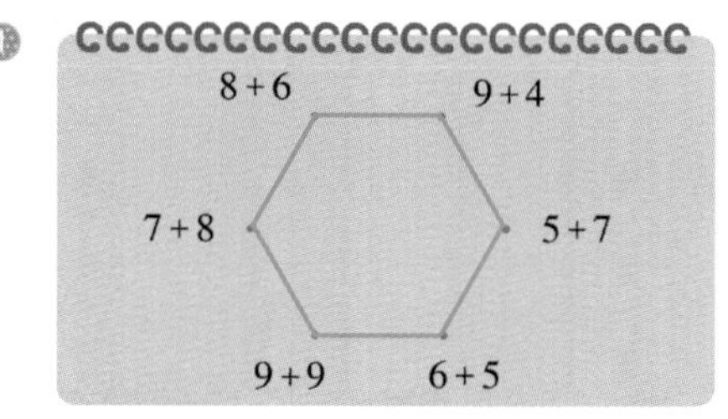

제목 꿀이 가득 담긴 벌집

②

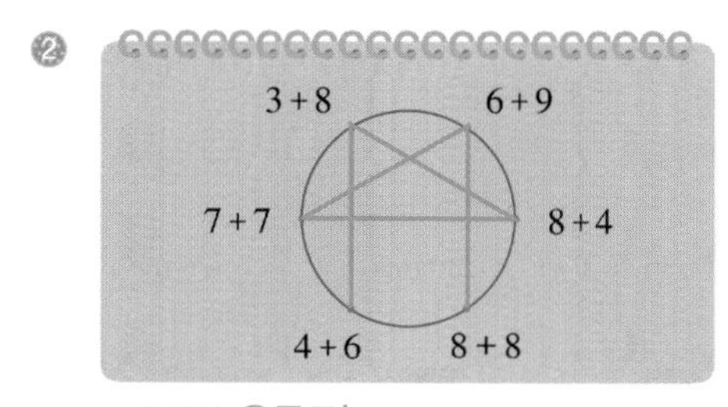

제목 우주로!

4

② 두 수의 합이 가장 큰 경우는 가장 큰 두 수를 더한 경우이므로 8+7=15입니다. 두 번째로 합이 큰 경우는 가장 큰 수인 8에 7 다음으로 큰 수인 6을 더한 14입니다.

③ 두 수의 합이 13이 되는 경우는 8에 5를 더한 경우와 7에 6을 더한 경우입니다. 남은 4와 3을 더하면 13이 될 수 없습니다.

5

① 그려진 모양을 보고 육각형이나 벌집, 목장, 사탕 등을 떠올릴 수 있으며 제목을 지을 때는 '꿀이 가득 담긴 벌집'과 같이 상상력을 발휘해서 제목을 지을 수 있습니다. 또한 줄로 연결한 후에 벌들을 그리거나 아니면 얼굴 모양을 그린다든지 그림을 추가해 제목을 정해 보는 것도 좋은 활동입니다.

② 그려진 모양을 보고 별, 우주비행선, 로켓, 비행기, 새, 리본 등 다양한 이미지를 떠올리고 떠올린 이미지에 따라 상상력을 발휘해서 제목을 지어 봅니다.

✤ 이런 것들을 배워요

- (몇) + (몇) = (십 몇)의 계산을 할 수 있어요.
- 덧셈을 이용하여 문장제 문제를 해결할 수 있어요.
- 덧셈을 이용하여 다양한 문제를 해결할 수 있어요.

✤ 함께 알아봐요

민수는 아빠와 함께 낚시를 갔습니다. 민수는 3마리의 물고기를 잡고 아빠는 8마리의 물고기를 잡았다면 민수와 아빠가 잡은 물고기는 모두 몇 마리일까요?

➜ 민수와 아빠가 잡은 물고기는 모두 몇 마리인지를 구해야 하므로 덧셈을 사용해요.

➜ 민수는 3마리, 아빠는 8마리를 잡았으므로 민수와 아빠가 잡은 물고기를 구하는 식은 3+8이에요.

➜ 3과 8을 더하면 11이 되므로 민수와 아빠가 잡은 물고기는 모두 11마리예요.

✤ 원리를 적용해요

개미핥기가 한 번에 개미 7마리를 잡고 또 다시 6마리를 잡았다면 개미핥기는 모두 몇 마리의 개미를 잡았을까요?

식 : 7+6 답 : 13 마리

개미 또는 애벌레가 모두 몇 마리인지 구해 보세요.

① 참새는 개미 6마리와 애벌레 8마리를 까치에게 주었어요. 참새는 까치에게 개미와 애벌레를 모두 몇 마리 주었나요?

식 : 6+8 답 : 14 마리

② 까치는 두더지가 준 지렁이 6마리와 꿀벌이 준 지렁이 7마리를 갖고 있어요. 까치의 지렁이는 모두 몇 마리인가요?

식 : 6+7 답 : 13 마리

③ 까치는 첫째에게 애벌레 8마리를 주고 둘째에게 애벌레 5마리를 주었어요. 애벌레를 모두 몇 마리주었나요?

식 : 8+5 답 : 13 마리

실력 튼튼 문제

1 5장의 카드를 한 번씩만 사용하여 다음 식을 모두 완성해 보세요.

1 3 5 7 9

$5+8=1$ [3] $6+$ [5] $=11$

$8+9=$ [1][7] [9] $+5=14$

2 바둑판 위에 검은색 바둑돌 8개와 흰색 바둑돌 6개가 있어요. 바둑돌은 모두 몇 개인지 식을 쓰고 답을 구해 보세요.

식 : 8+6 답 : 14 개

3 누가 더 많은 친구를 초대하는지 ○표 해 보세요.

나는 남자 친구 6명과 여자 친구 7명을 초대하려고 해.

난 남자 친구 9명과 여자 친구 6명을 초대해야지!

( ) (○)

4 코뿔새는 멸종 위기에 있는 새예요. 동물원에서 코뿔새 8마리를 보호하고 있었는데 3마리의 코뿔새가 더 태어났어요. 이 동물원에는 몇 마리의 코뿔새가 있을까요?

(11) 마리

54~55쪽

5 주어진 숫자 카드를 모두 이용해서 2개의 덧셈식을 만들어 보세요.

15 9 7 14 5 8

9 + 5 = 14, 8 + 7 = 15

6 수를 한 번씩만 써서 가로로 덧셈식이 되는 수를 모두 찾아 [+ =]표 해 보세요.

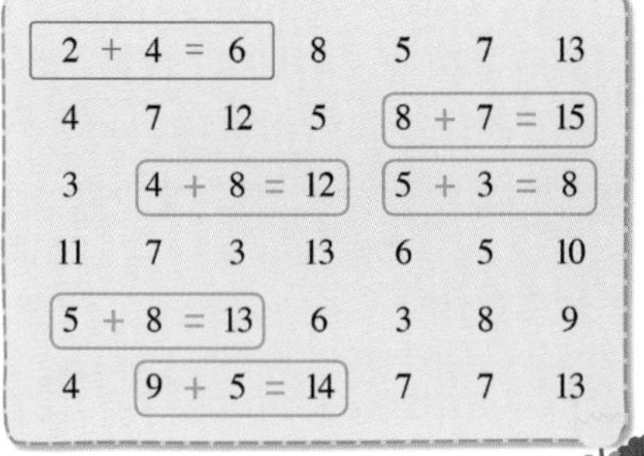

2 + 4 = 6 8 5 7 13
4 7 12 5 8 + 7 = 15
3 4 + 8 = 12 5 + 3 = 8
11 7 3 13 6 5 10
5 + 8 = 13 6 3 8 9
4 9 + 5 = 14 7 7 13

7 선생님이 보여 준 두 장의 숫자 카드의 합을 구해 친구들의 빙고판에 각각 ╳표 해 봐요. 누가 두 줄을 먼저 지웠을지 써 보세요.

(준서)

5

두 자리 수인 15와 14를 만들 수 있는 경우를 생각해 봅니다. 한 자리 수 중에서 큰 수인 9와 8을 더하면 17이 되므로 9와 8은 따로 더해야 합니다. 9와 8에 각각 얼마를 더하면 15나 14를 만들 수 있을지 생각해 보면 9+5=14, 8+7=15를 찾을 수 있습니다.

6

가로로 연달아 있는 세 수들을 살펴보면서 두 수를 더해서 가장 오른쪽 수를 만들 수 있는지 확인해 봅니다.

7

1회부터 5회까지의 카드들을 보면 민서와 준서가 지울 수 있는 수들은 5+6=11, 9+4=13, 7+8=15, 5+7=12, 8+9=17이므로 11, 13, 15, 12, 17을 지웠을 때 두 줄을 먼저 지울 수 있는 사람은 준서입니다.

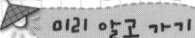

미리 알고 가기

이런 것들을 배워요

- 두 수의 합을 구하여 덧셈구구표를 완성할 수 있어요.
- 덧셈구구표에서 여러 가지 규칙을 찾을 수 있어요.

함께 알아봐요

덧셈표를 알아보아요.

+	5	6	7	8	9
5	10	11	12	13	14
6	11	12	13	14	15
7	12	13	14	15	16
8	13	14	15	16	17
9	14	15	16	17	18

① 가로 방향으로 수가 1씩 커져요.
② 세로 방향으로 수가 1씩 커져요.
③ 초록 칸의 수는 5+6과 6+5이므로 계산 결과가 같아요.
④ ⬭ 안의 수는 서로 같아요.
⑤ ⬭ 안의 수는 2씩 커져요.

원리를 적용해요

다음 표를 완성하세요.

+	0	1	2	3	4	5	6	7	8	9
4	4	5	6	7	8	9	10	11	12	13

이야기 속 문제 해결

참새는 아주 어려운 덧셈구구표를 만들어서 까치를 찾아갔습니다. 물음에 답해 보세요.

❶ 두 수의 합을 구하여 덧셈구구표를 완성하세요.

+	0	1	2	3	4	5	6	7	8	9
0	0	1	2	3	4	5	6	7	8	9
1	1	2	3	4	5	6	7	8	9	10
2	2	3	4	5	6	7	8	9	10	11
3	3	4	5	6	7	8	9	10	11	12
4	4	5	6	7	8	9	10	11	12	13
5	5	6	7	8	9	10	11	12	13	14
6	6	7	8	9	10	11	12	13	14	15
7	7	8	9	10	11	12	13	14	15	16
8	8	9	10	11	12	13	14	15	16	17
9	9	10	11	12	13	14	15	16	17	18

❷ 덧셈구구표에서 찾을 수 있는 규칙을 바르게 말한 동물에 ○표 하세요.

덧셈구구표에는 10이 가장 많아. ( )

더한 결과는 0부터 18까지 나와. (○)

가로로는 1씩 커지고 세로로는 2씩 커지지. ( )

실력 튼튼 문제

1 다음 덧셈표를 완성해 보세요.

❶

+	4	5	6	7	8	9
7	11	12	13	14	15	16

❷

+	3	4	5	6	7	8
9	12	13	14	15	16	17

2 빈 곳에 알맞은 수를 써 보세요.

❶

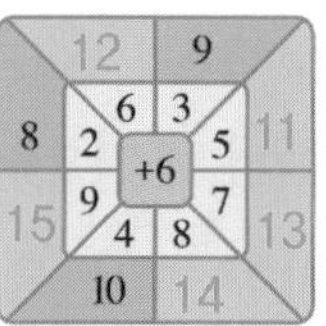

❷

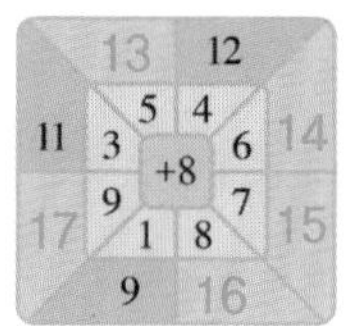

3 가로와 세로로 덧셈식이 되도록 ▢ 안에 알맞은 수를 써 넣고 ▢로 묶어 보세요.

	3	+	9	=	1	2			
						+			
				5	+	9	=	1	4
				+		=			+
		8	+	7	=	1	5		9
		+		=		1			=
		8		1					1
		=		2					3
		1							
7	+	6	=	1	3				

4 덧셈구구표를 색종이에 그렸어요. 물음에 답해 보세요.

+	0	1	2	3	4	5	6	7	8	9
0	0	1	2	3	4	5	6		8	9
1	1		3	4	5	6		8	9	10
2	2	3	4	①	6		8	9	10	11
3	3	4	5	6		8	9	10	11	12
4	4		6		8	9	10	11	②	13
5	5	6		8	9	10	11	12	13	14
6	6		8	③	10	11	12	④	14	15
7		8	9	10		12	13	14	15	16
8	8		10	11	⑤	13	14	15	16	17
9	9	10	11	12	13	14	15	16	⑥	

❶ 위의 표의 각 번호에 해당하는 덧셈식과 답을 쓰세요.

① 3 + 2 = 5　② 8 + 4 = 12

③ 3 + 6 = 9　④ 7 + 6 = 13

⑤ 4 + 8 = 12　⑥ 8 + 9 = 17

❷ 흰 칸의 수들을 살펴봐요. 규칙을 바르게 말한 친구는 누구일지 ◯표 해 보세요.

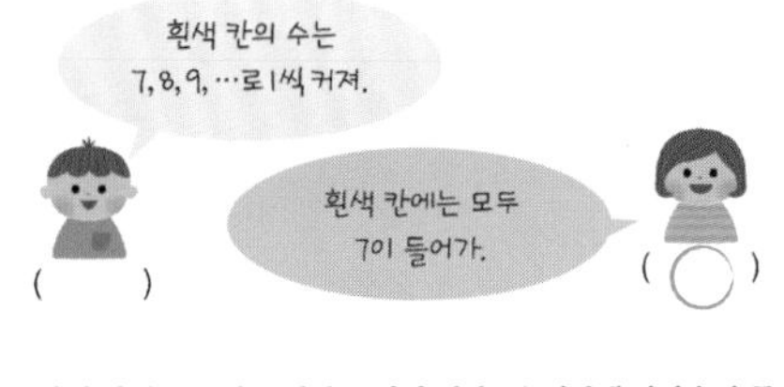

흰색 칸의 수는 7, 8, 9, …로 1씩 커져.
흰색 칸에는 모두 7이 들어가.

( )　(◯)

❸ 노란색 칸의 수들에는 어떤 규칙이 있나요? 빈칸에 알맞은 수를 쓰고, 알맞은 말에 ◯표 해 보세요.

①(2)씩 커집니다.　② 모두 (짝수, 홀수)입니다.

❹ 빨간색 점선 위에 있는 수들의 규칙을 바르게 말한 친구에게 ◯표 해 보세요.

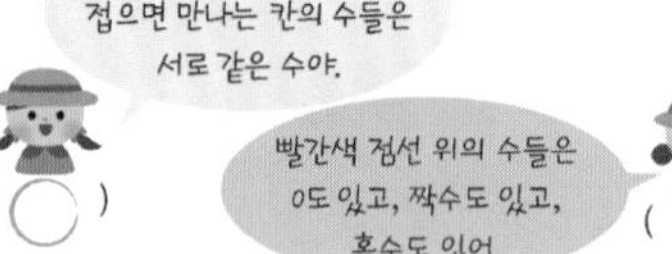

색종이를 빨간색 점선으로 접으면 만나는 칸의 수들은 서로 같은 수야.
빨간색 점선 위의 수들은 0도 있고, 짝수도 있고, 홀수도 있어.

(◯)　( )

스토리텔링 7세 수학 _ 연산B 63

4

❶ 덧셈구구표는 가장 윗줄에 있는 수와 가장 왼쪽 줄에 있는 두 수를 더해서 칸을 채워나가는 규칙입니다.

❷ 흰색 칸들을 살펴보면 0+7, 1+6, 2+5, 3+4, 4+3, 5+2, 6+1, 7+0이므로 모두 합이 7이 되는 칸입니다.

❸ 노란색 칸의 수들은 2씩 커지며 모두 짝수입니다. 노란색 칸과 같은 방향의 대각선들을 살펴보면 모두 2씩 커지는 수들이며 짝수 줄과 홀수 줄이 반복됩니다.

❹ 덧셈구구표를 대각선으로 접으면 색칠된 부분과 같이 같은 수들이 서로 만나게 됩니다.

+	0	1	2	3	4	5	6	7	8	9
0	0	1	2	3	4	5	6	7	8	9
1	1	2	3	4	5	6	7	8	9	10
2	2	3	4	5	6	7	8	9	10	11
3	3	4	5	6	7	8	9	10	11	12
4	4	5	6	7	8	9	10	11	12	13
5	5	6	7	8	9	10	11	12	13	14
6	6	7	8	9	10	11	12	13	14	15
7	7	8	9	10	11	12	13	14	15	16
8	8	9	10	11	12	13	14	15	16	17
9	9	10	11	12	13	14	15	16	17	18

또 더한 결과는 0+0=0부터 9+9=18까지 나오며 가로줄이나 세로줄 모두 1씩 커집니다.

[참고]

대각선으로 접는 것을 잘 이해하지 못하는 경우에는 직접 덧셈표를 만들어서 확인해 봐도 좋습니다.

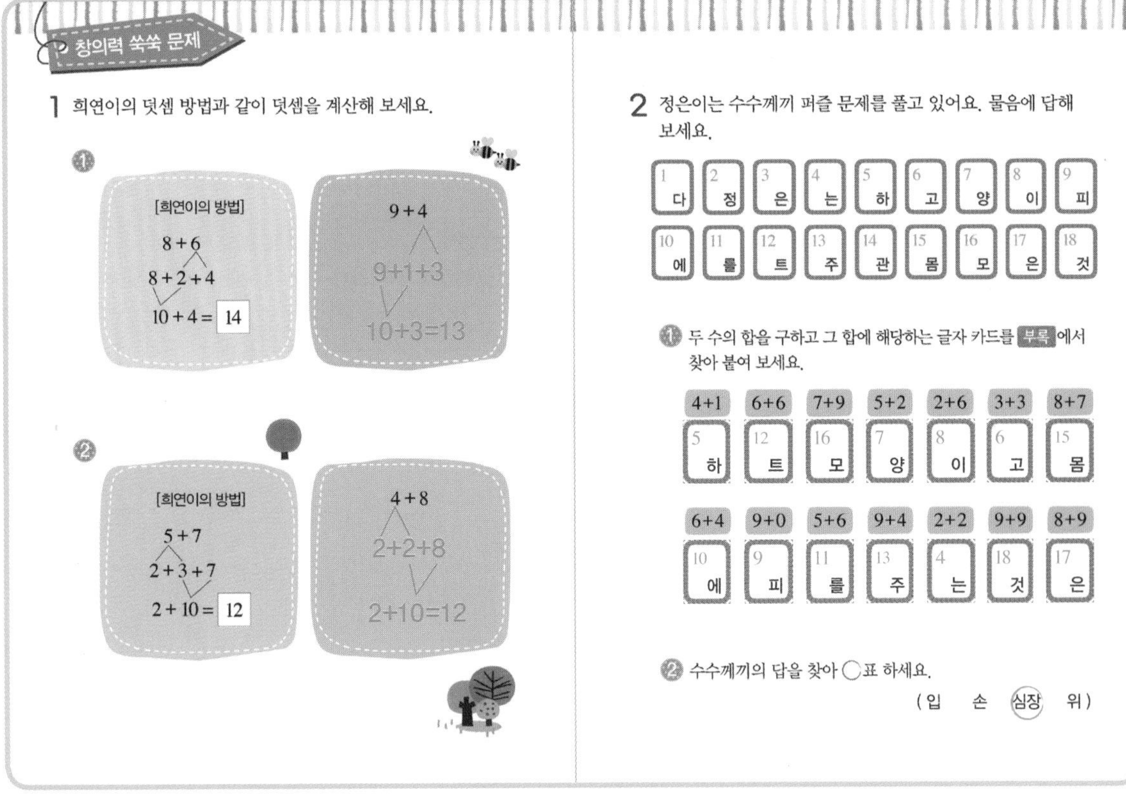

1

① 뒤의 수를 분해해서 (몇)+(몇)=(십 몇)의 계산을 합니다. 9+4의 계산은 뒤의 수인 4를 1+3으로 분해해서 9와 1을 더해 10을 만듭니다.

② 앞의 수를 분해해서 (몇)+(몇)=(십 몇)의 계산을 합니다. 4+8의 계산은 앞의 수인 4를 2+2로 분해해서 2와 8을 더해 10을 만듭니다.

2

계산 결과를 수로 쓴 후에 각 수를 나타내는 글자를 찾아 수수께끼를 완성합니다.

[참고]

직접 수수께끼 문제를 만들어 수학 문제도 풀고 수수께끼도 풀어 봅니다.

3 동물들의 이야기를 읽고 물음에 답해 보세요.

난 바나나가 9개하고도 2개나 더 있어.
그래? 나는 자두가 6개하고도 7개나 더 있는걸.
흠, 내 사과가 가장 많은 것 같아. 나는 12개의 사과를 가지고 있어.

① 원숭이가 가지고 있는 바나나는 몇 개인지 덧셈식을 써서 구하세요.

식: 9+2 답: 11 개

② 토끼가 가지고 있는 자두는 몇 개인지 덧셈식을 써서 구하세요.

식: 6+7 답: 13 개

③ 가장 많은 과일을 가지고 있는 동물은 누구입니까?

(토끼)

4 지은이는 퀴즈 맞히기에서 9문제를 맞히고 6문제를 틀렸어요. 지은이가 푼 퀴즈는 모두 몇 문제일까요?

(15) 문제

5 상자에서 쿠키 8개를 꺼내어 먹고 남은 쿠키를 세었더니 5개였어요. 처음 상자에 들어 있던 쿠키는 모두 몇 개일까요?

(13) 개

6 ○ 안에 1부터 9까지의 수 중 서로 다른 수를 하나씩 넣어, 각 줄의 합이 14, 15, 17이 되도록 해 보세요.

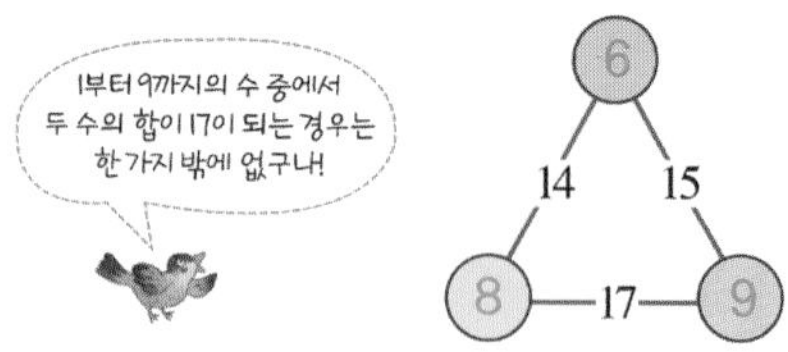
1부터 9까지의 수 중에서 두 수의 합이 17이 되는 경우는 한 가지 밖에 없구나!
6
14
15
8
17
9

3

① 바나나가 9개하고도 2개나 더 많이 있는 상황은 덧셈을 해서 바나나의 개수를 구합니다. 9+2=11(개)

② 자두는 6개하고도 7개 더 있으므로 덧셈을 합니다. 6+7=13(개)

③ 원숭이는 바나나 11개를, 토끼는 자두 13개를, 돼지는 사과 12개를 가지고 있으므로 토끼, 돼지, 원숭이 순서로 과일을 많이 가지고 있습니다.

4

맞힌 문제가 9문제, 틀린 문제가 6문제이므로 지은이는 모두 9+6=15(문제)를 풀었습니다.

5

먹은 쿠키와 남은 쿠키의 수를 합쳐야 상자에 처음 있었던 쿠키의 수를 구할 수 있으므로 8+5=13(개)입니다.

6

한 자리 수인 두 수의 합이 17이 되려면 8+9여야 하므로 17의 양 옆에는 8과 9가 들어갑니다. 그중 왼쪽의 두 수의 합이 14로 더 작으므로 왼쪽에 8, 오른쪽에 9가 들어갑니다.

7 여러 장의 숫자 카드들이 놓여 있어요. 이 숫자 카드를 모두 한 번씩만 사용하여 3개의 덧셈식을 만들어 보세요.

①

사용한 수는 ╳로 지워 보세요.

4 + 8 = 12

7 + 3 = 10

9 + 6 = 15

②

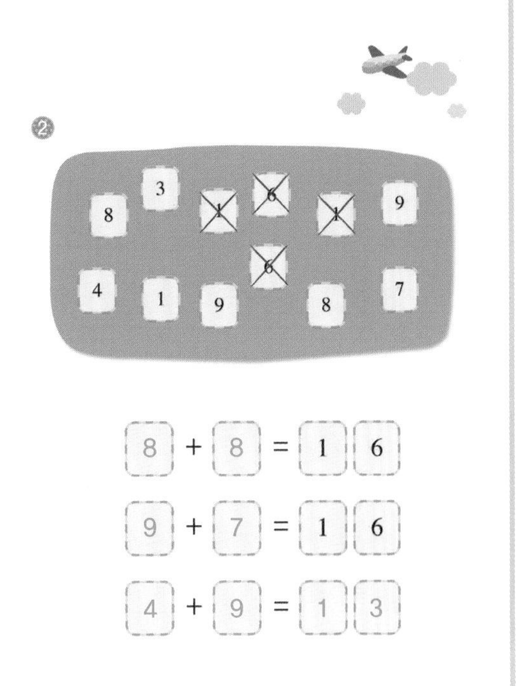

7

① 사용한 카드를 제외한 남은 숫자 카드는 1, 3, 5, 6, 7, 9입니다.
남은 숫자 카드 중에서 두 수를 더해서 10이 되는 경우는 1+9 또는 7+3입니다.
그런데 1+9를 사용해 먼저 10을 만들면 나머지 카드 3, 5, 6, 7로 올바른 덧셈식을 만들 수 없습니다.
그러므로 7+3을 이용해 10을 만들고 나머지 카드인 1, 5, 6, 9를 이용해 덧셈식 9+6=15를 완성합니다.

② 사용한 카드를 지운 남은 숫자 카드 1, 3, 4, 7, 8, 8, 9, 9 중에서 두 수의 합이 16이 되는 경우는 8+8과 9+7입니다. 8, 8, 9, 7의 네 수를 사용하고 나면 1, 3, 4, 9가 남으므로 덧셈식 4+9=13을 만들 수 있습니다.

8 홀수끼리 더해서 덧셈표를 만들었어요. 덧셈표를 보고 물음에 답해 보세요.

+	1	3	5	7	9
1	2	4	6	8	10
3	4	6	8	10	12
5	6	8	10	12	14
7	8	10	12	14	16
9	10	12	14	16	18

❶ 빈칸에 알맞은 수를 써 넣어 표를 완성하세요.

❷ 홀수 덧셈표를 보면서 찾을 수 있는 규칙이 맞으면 ◯표, 틀리면 ╳표 하세요.

① 가로와 세로로는 2씩 커집니다. (◯)

② 계산 결과는 짝수도 있고 홀수도 있습니다. (╳)

③ ↗ 방향의 같은 줄에는 같은 수들이 쓰입니다. (◯)

④ ↘ 방향의 같은 줄의 수들은 2씩 커집니다. (╳)

9 가로와 세로로 덧셈식이 되도록 □ 안에 알맞은 수를 써 보세요.

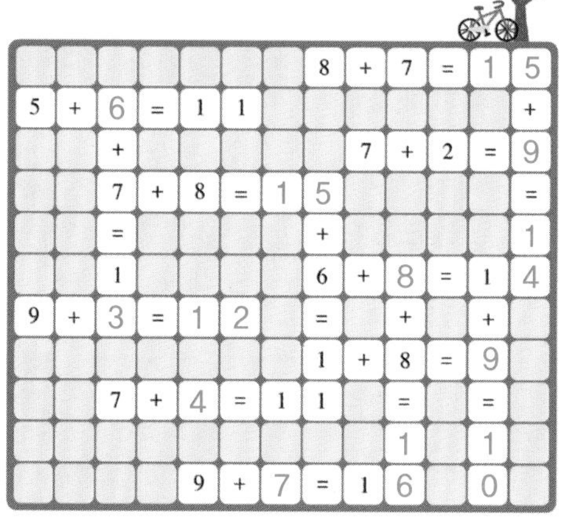

8

❷ ① 가로와 세로로는 2, 4, 6, 8, 10과 같이 2씩 커집니다.

② 홀수와 홀수를 더한 결과는 항상 짝수가 나옵니다.

③ ↗ 방향의 대각선으로 같은 줄에는 4, 4 또는 6, 6, 6과 같이 같은 수들이 쓰입니다.

④ ↘ 방향의 대각선에는 2, 6, 10, 14, 18과 같이 4씩 커집니다.

9

먼저 계산을 해서 채울 수 있는 빈칸을 채운 후에 남은 칸들을 하나씩 채웁니다. 5+□=11과 같은 경우에는 5에 어떤 수를 더하면 11이 되는지를 생각해서 채웁니다.

★ 이런 것들을 배워요

• (십 몇)−(몇)=(몇)에서 뒤의 수를 갈라서 빼고 또 빼는 뺄셈을 할 수 있어요.

★ 함께 알아봐요

7을 3과 4로 먼저 가른 후 13에서 3을 빼 10이 되게 해요. 10에서 4를 빼면 6을 쉽게 구할 수 있어요.

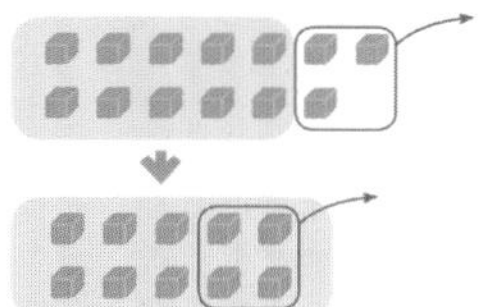

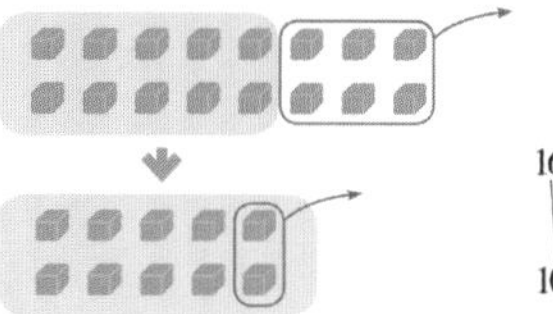

13 − 7
13 − 3 − 4
10 − 4 = 6

★ 원리를 적용해요

그림을 이용해서 16 − 8을 계산하세요.

16 − 8
16 − 6 − 2
10 − 2 = 8

참새는 까치에게 받은 앵두 15개 중에서 7개를 꿀꺽 먹었어요. 참새가 먹고 남은 앵두의 수를 구해 보세요.

1 남은 앵두의 수를 구하는 식을 계산하는 과정입니다. 빈칸에 알맞은 수를 쓰세요.

15 − 7 = 15 − 5 − 2
= 10 − 2
= 8

2 15 − 7을 계산하는 방법입니다. 빈칸에 알맞은 수를 쓰세요.

뒤의 수 7을 (5)와 (2)로 가른 뒤에 15에서 (5)를 빼면 10이 되고, 10에서 남은 수 (2)를 빼면 (8)이 됩니다.

3 참새가 먹고 남은 앵두는 몇 개입니까?

(8)개

실력 튼튼 문제

1 빈칸에 알맞은 수를 써 보세요.

14 − 6
= 14 − 4 − 2
= 10 − 2 = 8

1
17 − 8
= 17 − 7 − 1
= 10 − 1 = 9

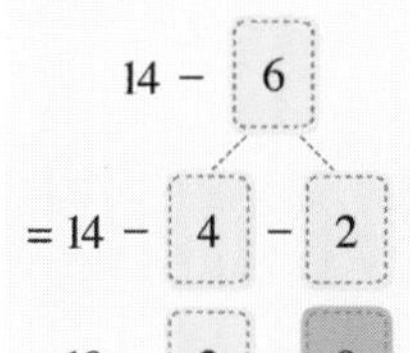

2
15 − 9
= 15 − 5 − 4
= 10 − 4 = 6

3
12 − 8
= 12 − 2 − 6
= 10 − 6 = 4

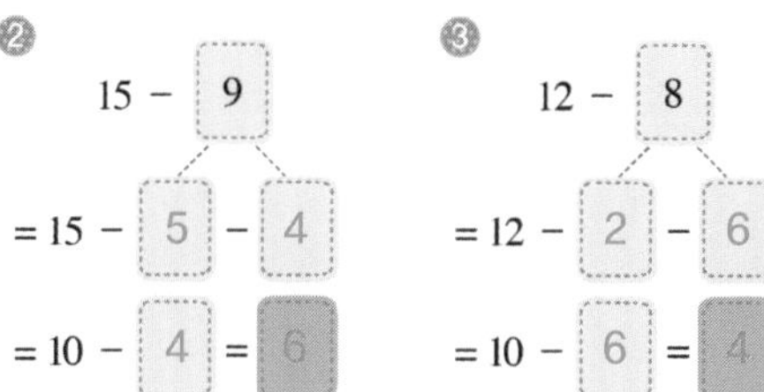

2 깃발에 적힌 수가 답이 되는 뺄셈식을 모두 찾아 ○표 해 보세요.

1

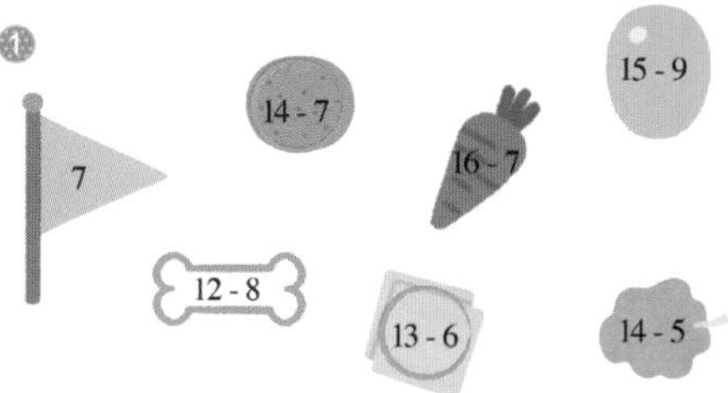

2

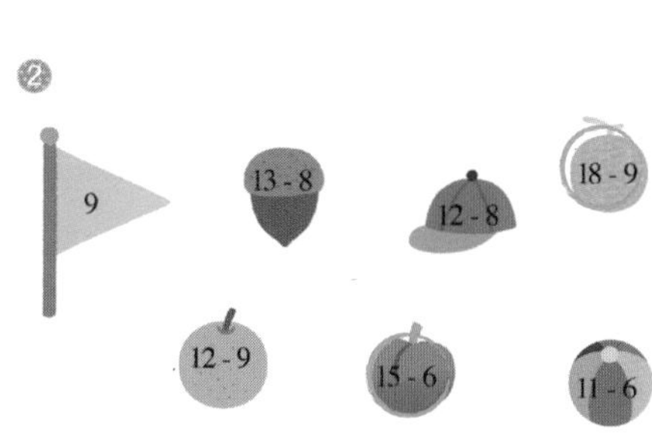

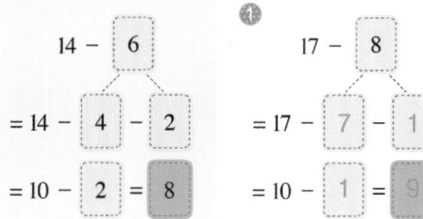

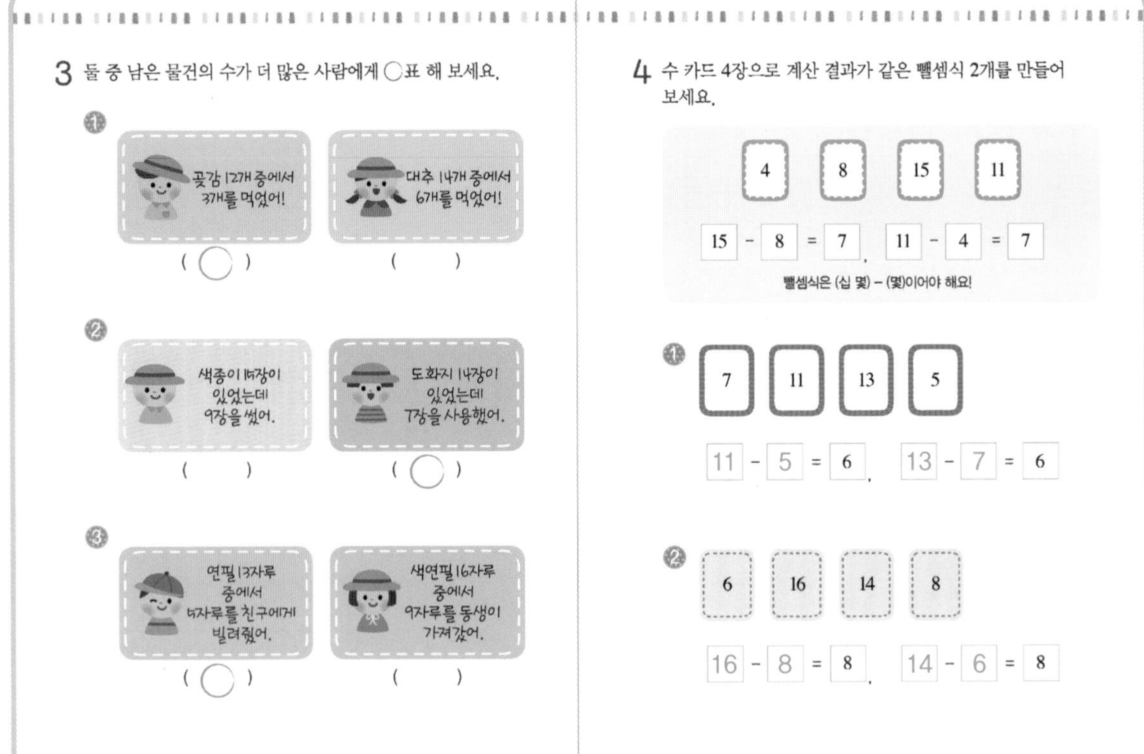

3 둘 중 남은 물건의 수가 더 많은 사람에게 ○표 해 보세요.
①
곶감 12개 중에서 3개를 먹었어!
대추 14개 중에서 6개를 먹었어!
(○) ( )
②
색종이 15장이 있었는데 9장을 썼어.
도화지 14장이 있었는데 7장을 사용했어.
( ) (○)
③
연필 13자루 중에서 5자루를 친구에게 빌려줬어.
색연필 16자루 중에서 9자루를 동생이 가져갔어.
(○) ( )
4 수 카드 4장으로 계산 결과가 같은 뺄셈식 2개를 만들어 보세요.
4 8 15 11
15 - 8 = 7, 11 - 4 = 7
뺄셈식은 (십 몇) - (몇)이어야 해요!
① 7 11 13 5
11 - 5 = 6, 13 - 7 = 6
② 6 16 14 8
16 - 8 = 8, 14 - 6 = 8

생각 열기

(십 몇)−(몇)=(몇) 중에서 13−4=9와 같이 받아내림이 있는 뺄셈의 계산은 빼는 수를 가르는 방법과 빼지는 수를 가르는 방법이 있습니다. 두 가지 방법 모두 가르기와 모으기, 10의 보수 관계에 대한 개념을 잘 알고 있어야 합니다.

① 12에서 3을 빼는 방법은 12가 10+2인 것을 생각해 빼는 수 3을 2+1로 가르기하여 12에서 2를 먼저 빼고 10에서 1을 빼 9를 구하는 방법이 있습니다.
또는 빼지는 수 12를 10+2로 가르기하여 10에서 3을 빼고 남은 7에 2를 더하여 9를 구하는 방법이 있습니다.
14−6도 마찬가지 방법으로 빼는 수 6을 4+2로 가르거나 빼지는 수 14를 10+4로 가르기하여 8을 구할 수 있습니다.

② 15−9는 9를 5+4로 가르거나 15를 10+5로 가르기하여 6을 구할 수 있습니다.
14−7은 7을 4+3으로 가르거나 14를 10+4로 가르기하여 7을 구할 수 있습니다.

③ 13−5는 5를 3+2로 가르거나 13을 10+3으로 가르기하여 8을 구할 수 있습니다.
16−9는 9를 6+3으로 가르거나 16을 10+6으로 가르기하여 7을 구할 수 있습니다.

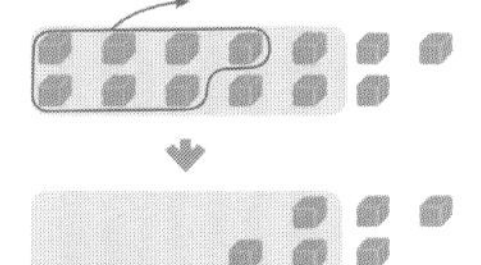

미리 알고 가기

이런 것들을 배워요

• (십 몇) − (몇) = (몇)에서 앞의 수를 10과 몇으로 갈라 10에서 뒤의 수를 빼고 몇을 더하는 뺄셈을 할 수 있어요.

함께 알아봐요

13을 10과 3으로 갈라서 10에서 먼저 7을 빼요.
그 후 3을 더하면 6을 쉽게 구할 수 있어요.

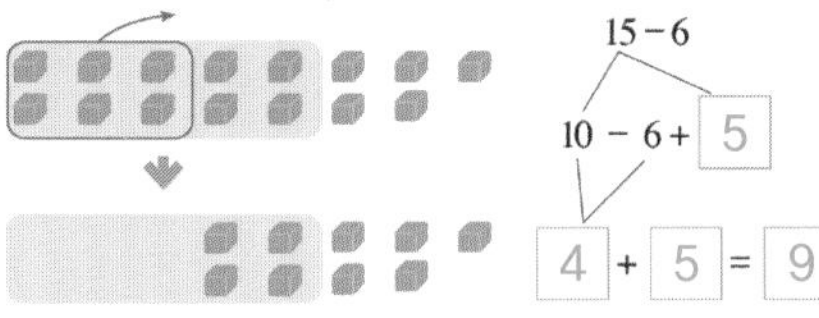

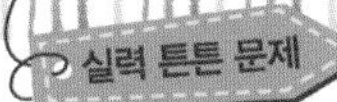

원리를 적용해요

그림을 이용해서 15 − 6을 계산해 보세요.

15 − 6
10 − 6 + 5
4 + 5 = 9

이야기 속 문제 해결

까치는 참새에게 애벌레 12마리를 모두 빼앗길까봐 5마리를 숨겼어요. 까치가 나무 구멍 속에 숨기고 남은 애벌레의 수를 구해 보세요.

① 남은 애벌레의 수를 구하는 식을 계산하는 과정입니다. 빈칸에 알맞은 수를 쓰세요.

12 − 5 = 10 + 2 − 5
10 − 5 + 2
5 + 2 = 7

② 12 − 5를 계산하는 방법입니다. 빈칸에 알맞은 수를 쓰세요.

앞의 수 12를 10과 (2)로 가르고
10에서 (5)를 빼면 (5)가 남고,
여기에 남은 수 (2)를 더하면 (7)이 됩니다.

③ 까치가 나무 구멍 속에 숨기고 남은 애벌레는 몇 마리입니까?

(7) 마리

실력 튼튼 문제

1 셈을 한 후 결과가 같은 것끼리 줄로 연결해 보세요.

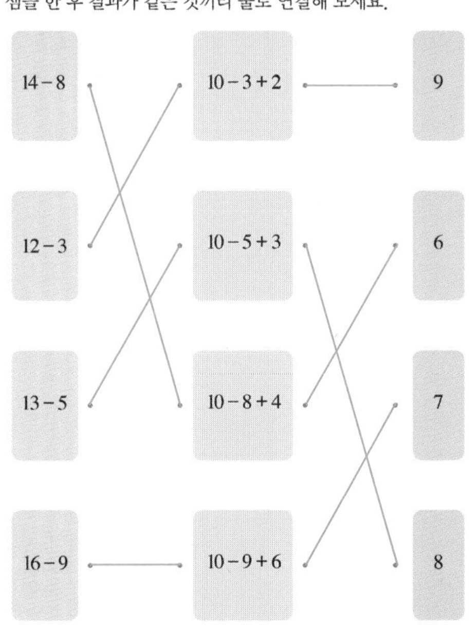

2 멍이와 냥이의 막대 길이가 서로 같을 때, 노란색 막대의 길이를 써 보세요.

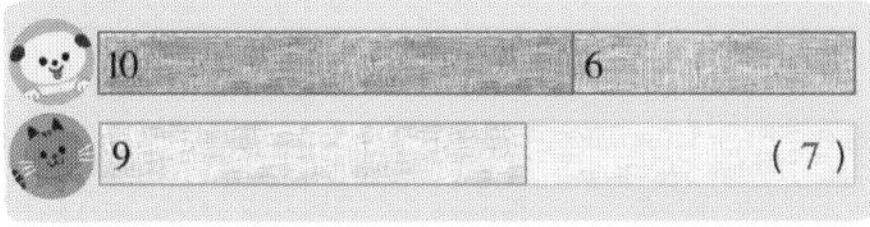

①
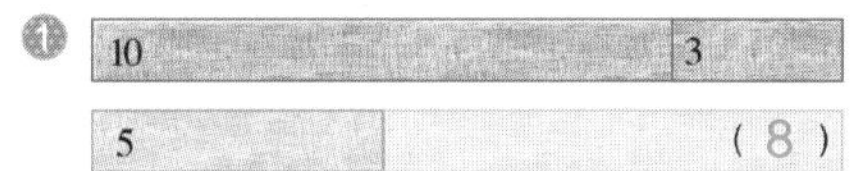

②
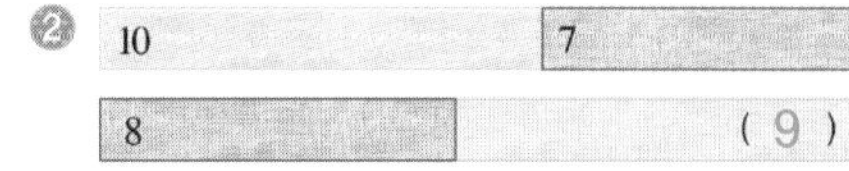

③

3 과일의 수를 비교하는 식을 만들고 어떤 과일이 더 많은지 써 보세요.

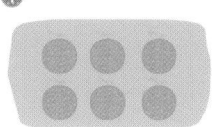

①

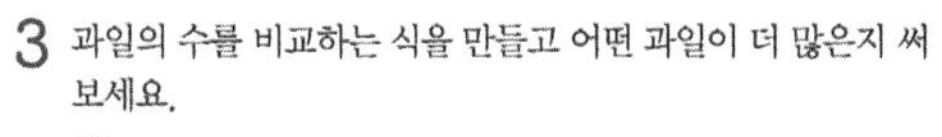

식 : 11-6 더 많은 과일 : 귤

②

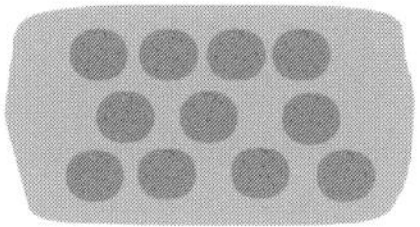

식 : 14-9 더 많은 과일 : 키위

③

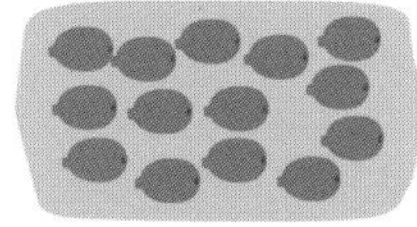

식 : 15-8 더 많은 과일 : 배

4 4장의 수 카드를 한 번씩만 사용해서 뺄셈식 2개를 만들어 보세요.

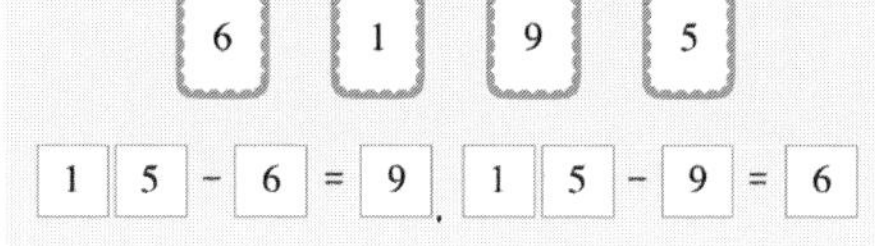

6 1 9 5

1 5 - 6 = 9, 1 5 - 9 = 6

① 5 1 7 2

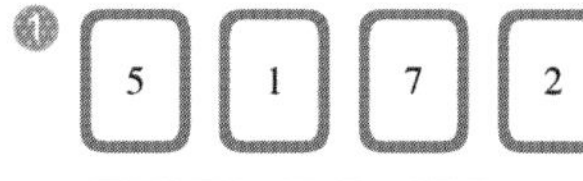

1 2 - 5 = 7

1 2 - 7 = 5

② 4 5 1 9

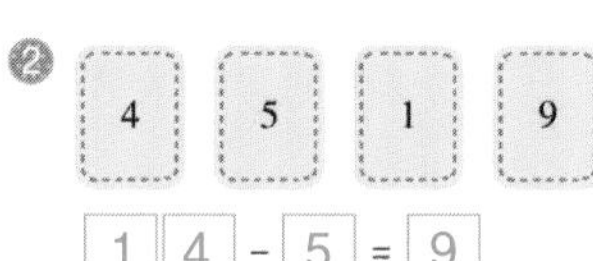

1 4 - 5 = 9

1 4 - 9 = 5

3

① 11－6=5이므로 귤이 멜론보다 5개 더 많습니다.

② 14－9=5이므로 키위가 사과보다 5개 더 많습니다.

③ 15－8=7이므로 배가 복숭아보다 7개 더 많습니다.

4

(두 자리 수)－(한 자리 수)=(한 자리 수)인 뺄셈식은 받아내림이 있고, 두 자리의 수에서 십의 자리 숫자가 1이어야만 합니다.

미리 알고 가기

이런 것들을 배워요

- 뺄셈 상황에서 □(어떤 수)가 있는 뺄셈식을 만들고, (십 몇) − (몇) = (몇)의 계산을 할 수 있어요.

함께 알아봐요

사과 13개 중에서 토끼가 몇 개를 먹고 나니 8개가 남았어요. 토끼가 먹은 사과의 수를 구하는 방법은 다음과 같아요.

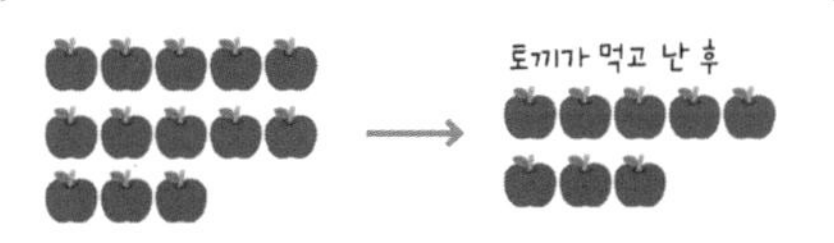

토끼가 먹은 사과의 수를 □(어떤 수)라고 하면,
13 − □(어떤 수) = 8과 같은 뺄셈식을 만들 수 있어요.
이때, 13 − □ = 8은 13 − 8 = □와 같아서 □ = 5(개)예요.

원리를 적용해요

빈칸에 알맞은 수를 써 보세요.

① 15 − 8 = 7 ② 11 − 6 = 5

이야기 속 문제 해결

제비 알 16개 중 구렁이가 몇 개를 훔쳐 먹어서 7개 밖에 남지 않았어요. 구렁이가 먹은 제비 알의 수를 구해 보세요.

① 빈칸에 구렁이가 먹은 제비 알의 수를 구하는 식을 쓰세요.

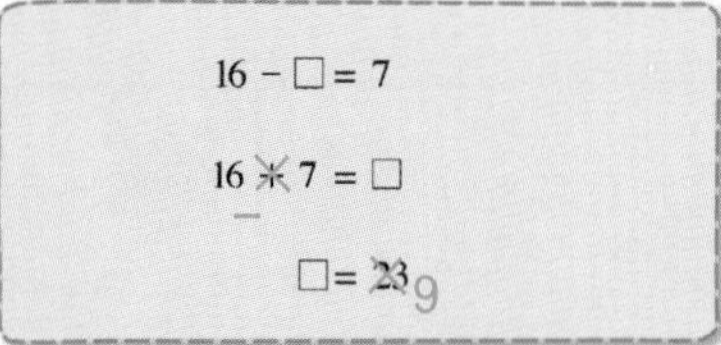

제비 알 16개 중에서 몇 개를 먹고 7개가 남았어요.
먹은 제비 알의 수를 □라고 하면, 16−□=7 과
같은 뺄셈식을 만들 수 있어요.

② 위의 식을 계산하는 과정에서 잘못된 곳을 찾아 고쳐 보세요.

16 − □ = 7
16 ~~+~~ − 7 = □
□ = ~~23~~ 9

③ 구렁이가 먹은 제비 알은 모두 몇 개인가요?

(9)개

실력 튼튼 문제

1 뺄셈식에 알맞은 문제를 골라 ○표 해 보세요.

①

14 − □ = 5

전깃줄에 참새 14마리가 앉아 있는데, □마리가 날아갔더니 5마리가 남았어요.	감나무에 감 14개가 달려 있는데, 5개를 따 먹었더니 □개가 남았어요.
(○)	( )

②

17 − □ = 9

연필 17자루 중에서 9자루를 잃어 버리고 □개가 남았어요.	갖고 있던 공깃돌 17개에서 친구에게 □개를 주었더니 9개가 남았어요.
( )	(○)

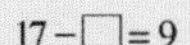

2 □를 구하고 □가 가장 큰 수의 글자부터 차례대로 □에 써 보세요.

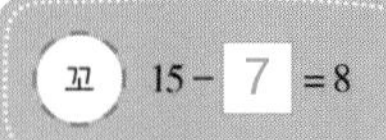

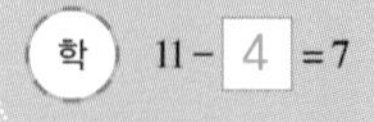

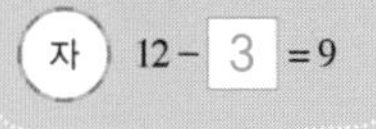

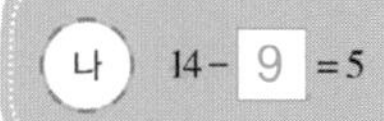

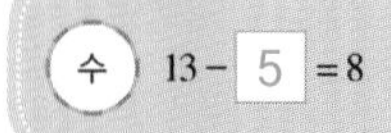

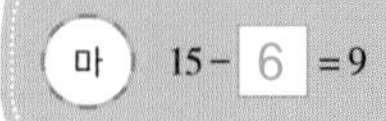

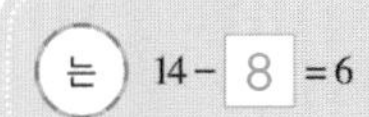

→ 나 는 꼬 마 수 학 자

3 운동복에 적힌 숫자의 합이 깃발에 적힌 수가 되도록 두 명씩 짝을 지었어요. 운동복에 알맞은 수를 써 보세요.

①

②

4 □ 안에 알맞은 수를 써 보세요.

①

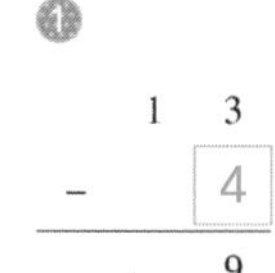

②

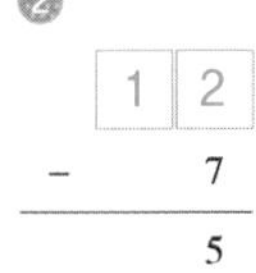

③

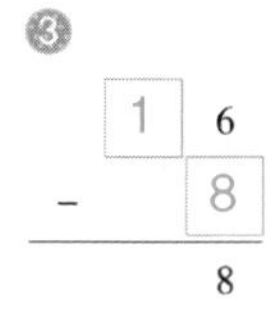

④

1 4
− 4
1 0

⑤

1 5
− 9
6

⑥

1 1
− 8
3

생각 열기

어떤 수를 나타내는 방법에는 다양한 방법이 있으나 여러 가지를 사용하면 혼돈이 생길 수 있으므로, 어떤 수를 □로 표기하여 식으로 나타낼 수 있도록 합니다.

3

등 번호 두 개의 합이 깃발에 적힌 수가 되도록 각각을 식으로 나타내면 다음과 같습니다.

① 7 + □ = 14 → □는 7과 14의 차,
□ + 6 = 14 → □는 6과 14의 차,
5 + □ = 14 → □는 5와 14의 차,
□ + 11 = 14 → □는 11과 14의 차

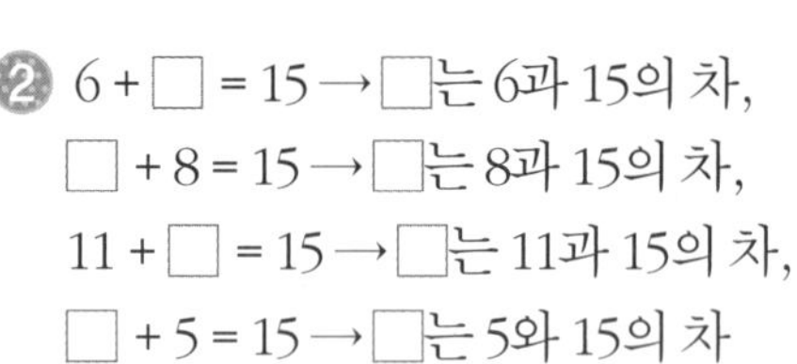

② 6 + □ = 15 → □는 6과 15의 차,
□ + 8 = 15 → □는 8과 15의 차,
11 + □ = 15 → □는 11과 15의 차,
□ + 5 = 15 → □는 5와 15의 차

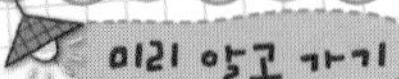

★ 이런 것들을 배워요

• 뺄셈구구표를 완성하고 규칙을 찾을 수 있어요.

★ 함께 알아봐요

가로줄에 있는 수에서 세로줄에 있는 수를 빼서 나온 수를 표로 나타내요.

−	0	1	2	3	4	5	6	7	8	9
0	0	1	2	3	4	5	6	7	8	9
1		0	1	2	3	4	5	6	7	8
2			0	1	2	3	4	5	6	7
3				0	1	2	3	4	5	6
4					0	1	2	3	4	5
5						0	1	2	3	4
6							0	1	2	3
7								0	1	2
8									0	1
9										0

가로줄에 있는 5에서 세로줄에 있는 4를 빼면 1이 나와요.

★ 원리를 적용해요

뺄셈표를 완성해 보세요.

−	3	4	5
1	2	3	4
3	0	1	2

−	7	8	9
4	3	4	5
7	0	1	2

이야기 속 문제 해결

까치가 가지고 온 뺄셈표를 보고 번호에 해당하는 식을 쓰고 답을 구해 보세요.

−	10	11	12	13	14	14	16	17	18	19
0										
1	9									
2	8	9								
3	7	8	9							
4	6	7	8	9						
5	5	6	7	8	②					
6	4	①	6	7	8	9				
7	3	4	5	6	7	8	9			
8	2	3	③	5	6	7	8	9		
9	1	2	3	4	5	6	7	④	9	

① 11−6=5

② 14−5=9

③ 12−8=4

④ 17−9=8

실력 튼튼 문제

1 빈칸에 알맞은 수를 넣어 뺄셈표를 완성해 보세요.

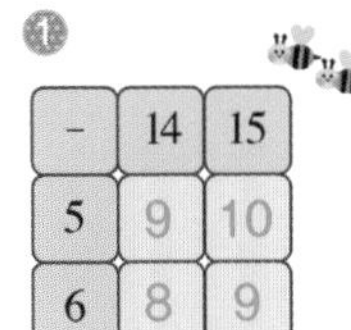

−	14	15
5	9	10
6	8	9

−	11	12
4	7	8
3	8	9

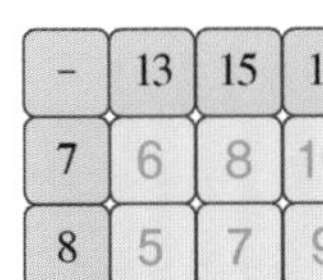

−	13	15	17
7	6	8	10
8	5	7	9
9	4	6	8

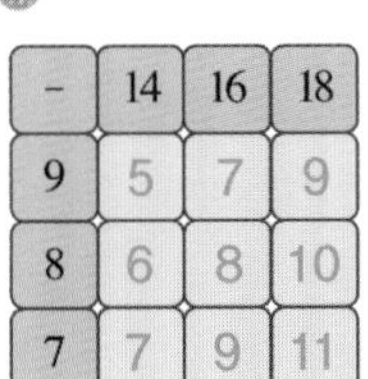

−	14	16	18
9	5	7	9
8	6	8	10
7	7	9	11

2 뺄셈표의 여러 가지 규칙을 찾아 알맞은 말에 ○표 해 보세요.

−	0	1	2	3	4	5	6	7	8	9
0	0	1	2	3	4	5	6	7	8	9
1		0	1	2	3	4	5	6	7	8
2			0	1	2	3	4	5	6	7
3				0	1	2	3	4	5	6
4					0	1	2	3	4	5
5						0	1	2	3	4
6							0	1	2	3
7								0	1	2
8									0	1
9										0

① 가로줄에 있는 수는 오른쪽으로 갈수록 1씩 (커져요, 작아져요).

② 세로줄에 있는 수는 아래쪽으로 갈수록 1씩 (커져요, 작아져요).

③ 빨간색 네모 안에 있는 수는 대각선 방향에 있는 수끼리의 합이 서로 (같아요, 달라요).

④ 파란색 동그라미 안에 있는 수는 0부터 (1씩, 2씩) 뛰어세기 한 수예요.

3 새로운 빼셈표를 만들려고 합니다. 물음에 답해 보세요.

-	4	6	8	10	12	14	16	18
3	1	3	5	7	(9)	11	13	15
4	0	2	4	6	8	10	12	14
5		1	3	5	7	(9)	11	13
6		0	2	4	6	8	10	12
7			1	3	5	7	(9)	11
8			0	2	4	6	8	10
9				1	3	5	7	(9)

❶ 연두색 빈칸에 알맞은 수를 넣어 빼셈표를 완성하세요.

❷ 빼셈표에서 9가 있는 칸을 모두 찾아 ○표 하고, 9가 되는 빼셈식을 모두 찾아 쓰세요.

12-3, 14-5, 16-7, 18-9

4 빈칸에 알맞은 수를 넣어 빼셈표를 완성해 보세요.

❶

-	11	15	12
4	7	11	8
9	2	6	3
7	4	8	5

❷

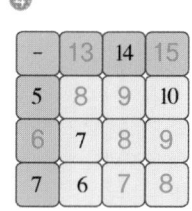

-	15	16	17
6	9	10	11
8	7	8	9
7	8	9	10

❸

-	11	13	15
7	4	6	8
6	5	7	9
9	2	4	6

❹

-	13	14	15
5	8	9	10
6	7	8	9
7	6	7	8

생각 열기

(몇)+(몇)=(십 몇)과 (십 몇)-(몇)=(몇)의 계산 방법을 배우고 덧셈구구표와 빼셈구구표를 완성하는 것은 이후 받아올림과 받아내림이 있는 큰 수의 덧셈과 빼셈을 능숙하게 하기 위한 준비 과정입니다.

창의력 쑥쑥 문제

1 숫자 구슬 6개가 있어요. 두 수의 차가 같도록 구슬을 2개씩 짝지어 보세요.

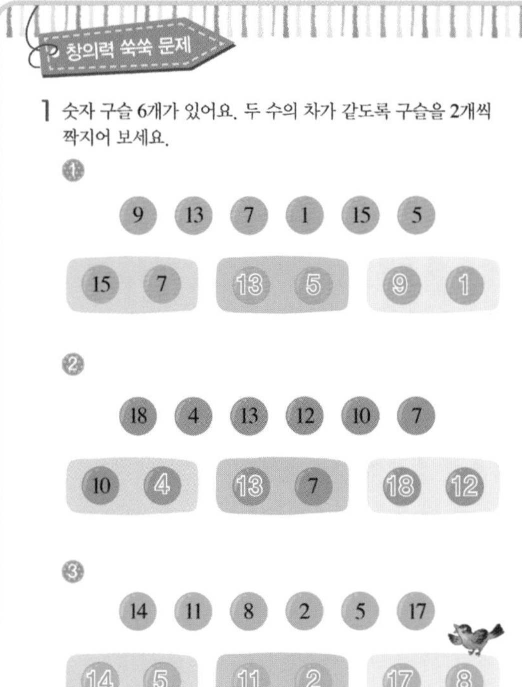

2 민서네 가족의 나이와 관련된 질문을 읽고 물음에 답해 보세요.

① 민서는 3살 아래인 여동생이 있어요. 민서가 12살이라면 동생은 몇 살일까요?

(9)살

② 민서의 오빠는 13살이에요. 6년 전 민서의 오빠는 몇 살이었을까요?

(7)살

③ 몇 년 전 민서의 오빠는 11살, 민서의 동생은 7살이었어요. 오빠와 동생은 몇 살 차이가 날까요?

(4)살

1

① 15와 7의 차가 8이므로 남은 구슬 9, 13, 1, 5 중에서 두 수의 차가 8인 구슬끼리 짝을 지어 보면 (13과 5), (9와 1)입니다.

② 두 수의 차가 모두 6이 되도록 구슬을 짝지어 봅니다.

③ 두 수의 차가 모두 9가 되도록 구슬을 짝지어 봅니다.

2

① 민서와 동생의 나이는 3살 차이가 나므로 동생의 나이는 12－3=9(살)입니다.

② 6년 전 오빠의 나이는 13－6=7(살)입니다

③ 몇 년 전이든 현재든 미래든 나이의 차는 변함이 없습니다. 따라서 오빠와 동생의 나이의 차는 11－7=4(살)입니다.

3 수 카드 2장으로 만들 수 있는 가장 작은 두 자리 수와 수 카드 1장으로 만들 수 있는 가장 큰 한 자리 수의 차를 구해 보세요.

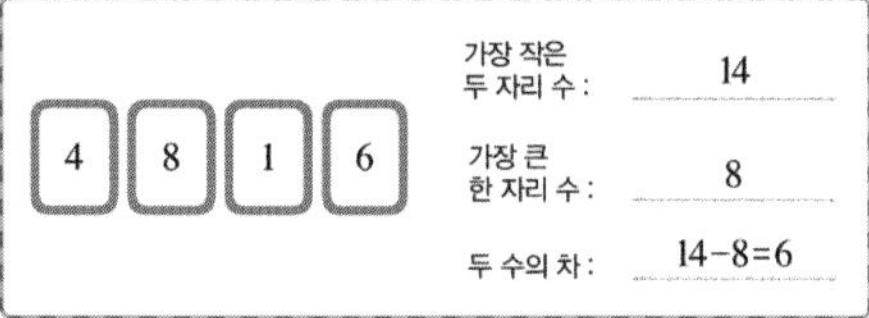

4
8
1
6
가장 작은 두 자리 수 : 14
가장 큰 한 자리 수 : 8
두 수의 차 : 14-8=6

❶ 2 1 4 9

가장 작은 두 자리 수 : 12

가장 큰 한 자리 수 : 9

두 수의 차 : 12-9=3

❷ 5 3 7 1

가장 작은 두 자리 수 : 13

가장 큰 한 자리 수 : 7

두 수의 차 : 13-7=6

4 다음은 규서와 지원이가 일주일 동안 줄넘기를 한 시간을 나타낸 표예요. 물음에 답해 보세요.

	월	화	수	목	금	토	일
규서	6분	11분	7분	5분	9분	14분	8분
지원	13분	9분	7분	12분	15분	8분	14분

❶ 규서는 월요일보다 화요일에 몇 분 더 줄넘기를 했나요?

(5)분

❷ 지원이는 토요일보다 일요일에 몇 분 더 줄넘기를 했나요?

(6)분

❸ 목요일에는 규서와 지원이 중에서 누가 몇 분 더 많이 줄넘기를 했나요?

(지원), (7)분

❹ 일주일 동안 줄넘기를 가장 오래 한 날과 가장 적게 한 날의 차이는 몇 분인가요?

규서: (9)분 지원: (8)분

3

가장 작은 두 자리 수를 만들려면 주어진 수 카드 중에서 가장 작은 숫자를 십의 자리 숫자로 놓아야 합니다.

4

❶ 월요일은 6분, 화요일은 11분이므로 월요일과 화요일의 차는 11−6=5(분)입니다.

❷ 토요일은 8분, 일요일은 14분이므로 토요일과 일요일의 차는 14−8=6(분)입니다.

❸ 목요일에 규서는 5분, 지원이는 12분 줄넘기를 했으므로 지원이가 12−5=7(분) 만큼 더 많이 줄넘기를 했습니다.

❹ 규서는 토요일에 가장 많이 줄넘기를 하고, 목요일에 가장 적게 줄넘기를 했으므로 14−5=9(분)차이가 납니다.
지원이는 금요일에 가장 많이 줄넘기를 하고, 수요일에 가장 적게 줄넘기를 했으므로 15−7=8(분)차이가 납니다.

5 동물 카드가 나타내는 수를 찾아보세요.

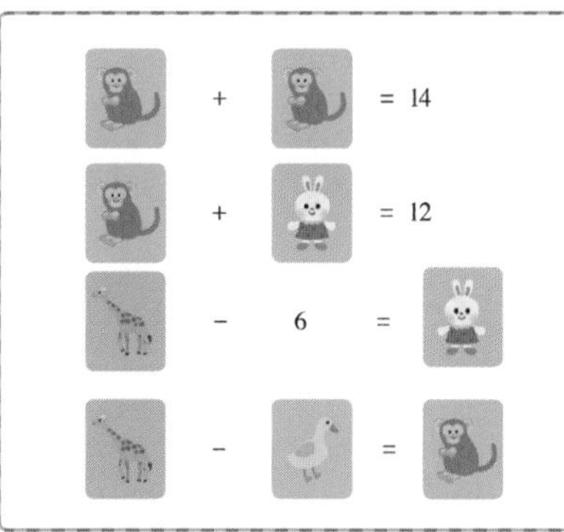

+ = 14
+ = 12
− 6 =
− =

❶ 첫 번째 식을 보고 원숭이가 나타내는 수를 구하세요.
(7)

❷ 두 번째 식을 보고 토끼가 나타내는 수를 구하세요.
(5)

❸ 세 번째 식을 보고 기린이 나타내는 수를 구하세요.
(11)

❹ 네 번째 식을 보고 오리가 나타내는 수를 구하세요.
(4)

6 동물 친구들이 각자 갖고 있는 구슬의 개수에 대해 말해요. 물음에 답해 보세요.

난 15개 갖고 있었는데, 하마한테 8개 나눠줬어.
난 사자가 가진 것보다 4개가 더 많아.
난 5개밖에 없었는데, 기린이 8개를 줬어.
난 여우가 가진 것보다 5개가 더 적어.

❶ 구슬을 가장 많이 가진 동물과 가장 적게 가진 동물을 쓰세요.

가장 많이 가진 동물 : 여우

가장 적게 가진 동물 : 사자

❷ 말이 가진 구슬의 수와 타조가 가진 구슬 수의 차를 구하세요.
(3)개

5

첫 번째, 두 번째, 세 번째, 네 번째 식을 순서대로 따라가면 원숭이, 토끼, 기린, 오리 카드의 수를 알 수 있습니다.

첫 번째 식: 원숭이 = 7

두 번째 식: 7 + 토끼 = 12, 토끼 = 5

세 번째 식: 기린 − 6 = 5, 기린 = 11

네 번째 식: 11 − 오리 = 7, 오리 = 4

6

❶ 동물들의 이야기를 보고 각자 가진 구슬의 개수를 구합니다.

사자: 15−8=7(개)

말: 7+4=11(개)

여우: 5+8=13(개)

타조: 13−5=8(개)

따라서 가장 많은 구슬을 가진 동물은 여우이고, 가장 적은 구슬을 가진 동물은 사자입니다.

❷ 말과 타조가 갖고 있는 구슬의 차는 11−8=3(개)입니다.

머핀

14쪽 사용

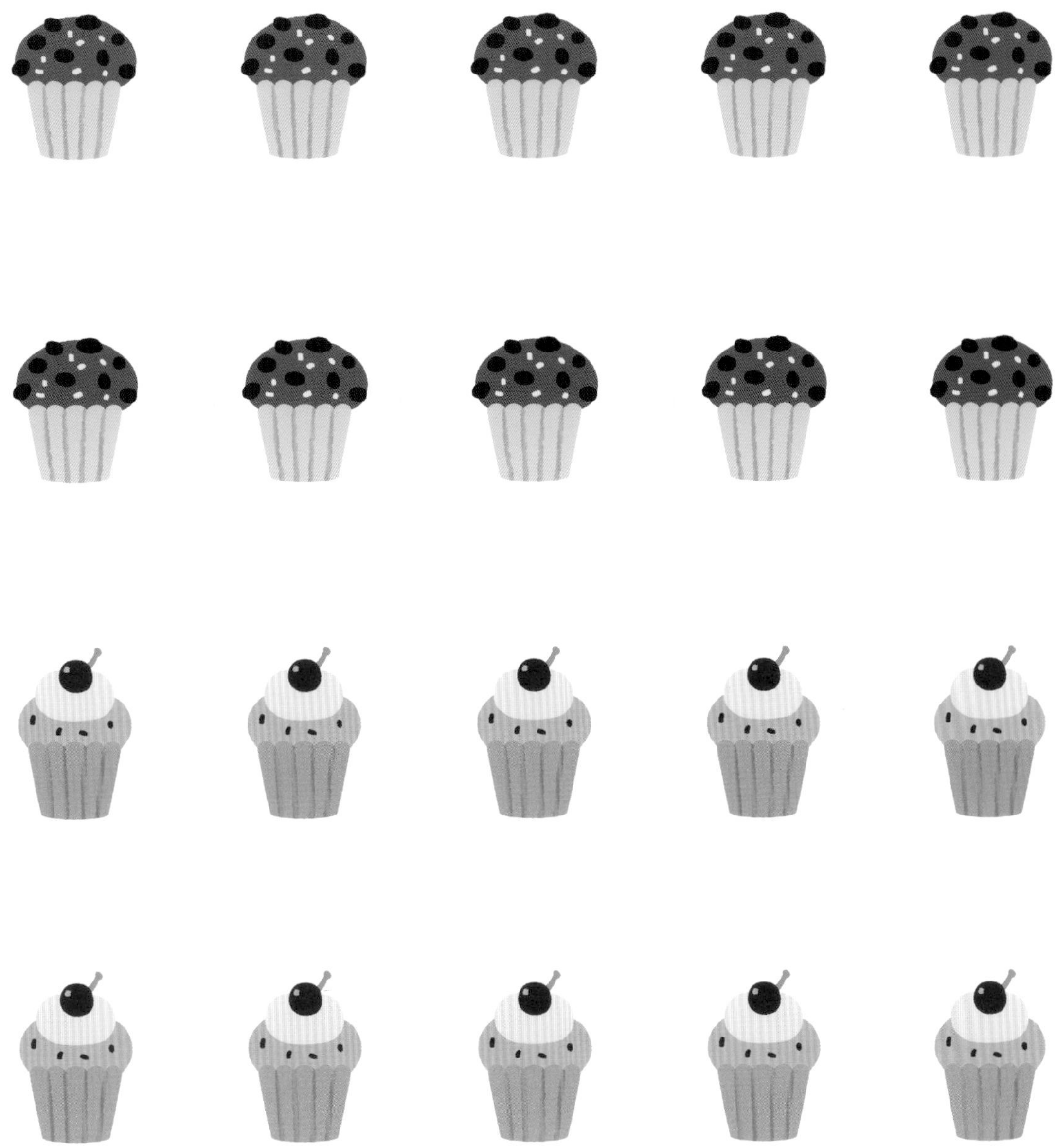